你靠什么在公司立足

周敏◎著

中国致公出版社
China Zhigong Press

图书在版编目（CIP）数据

你靠什么在公司立足 / 周敏著 . —北京：中国致
公出版社，2017

ISBN 978-7-5145-1075-1

I.①你… Ⅱ.①周… Ⅲ.①成功心理—通俗读物
Ⅳ.① B848.4-49

中国版本图书馆 CIP 数据核字（2017）第 220554 号

你靠什么在公司立足

周　敏　著

责任编辑：闫一平
责任印制：岳　珍

出版发行：　中国致公出版社
　　　　　　China Zhigong Press

地　　址：北京市海淀区翠微路 2 号院科贸楼
邮　　编：100036
电　　话：010-85869872
经　　销：全国新华书店
印　　刷：大厂回族自治县彩虹印刷有限公司
开　　本：787mm×1092mm　　1/16
印　　张：15
字　　数：178 千字
版　　次：2017 年 10 月第 1 版　　2017 年 10 月第 2 次印刷

定　　价：39.80 元

在市场竞争日益激烈的今天，员工是企业发展不可或缺的中坚力量，而好员工无疑是企业最看重的财富。说到底，现代企业的竞争实质上是人才的竞争。任何一个企业要想成长、发展、壮大，想要基业长青，提升核心竞争力，就必须有强大的人力资源作为支撑和后盾。

然而，作为企业这个庞大机体中的一名员工，我们怎样才能保持自己的竞争力，从而在公司立足，实现自己的人生价值呢？

通过了解与分析，我们发现，能在公司立足的员工往往具备这样的品质。

想在公司立足，必须对公司忠诚，把公司当自己的家，不泄露公司机密，全心全意做好每一项工作。

想在公司立足，必须要爱岗敬业，以企业利益为首，严格遵守公司制度，这是一个员工基本的道德素质。

想在公司立足，必须对公司认真负责，对工作认真负责。

想在公司立足，必须有高效的执行力，做事讲方法，讲效率，积极创新。

想在公司立足，必须熟知沟通技巧，明白什么话该说，什么话不该说，什么话适合在什么场合说。把握讲话的时机与分寸。

想在公司立足，必须富有团队精神，严格要求自己，积极融入团队，为团队贡献自己的力量。

想在公司立足，必须懂得节约，节俭务实，爱护公司的一草一木，为公司节约每一分钱。

……

本书用"忠贞坚定、尽职尽责、团队合作、恪尽职守、自动自觉、力争上游、省时高效、善于沟通、注重结果、谨行俭用、谦虚收敛、饮水思源"这十二个原则，结合具有说服力的论点和真实经典的案例，详细说明了如何更好地在公司立足。本书让每一位读者重新审视自己，找准自己的工作方向，迅速了解职业的成功之道，用最有效、最正确的方式来工作，为公司谋发展，同时更好地提升自己！

一个人若想在自己的职业生涯中干得长久，那就必须要遵循这十二个原则。这十二个原则也是人生职业生涯中的一种财富，使你更热爱自己的事业，也会激励你不断前进。

目录

第四章

恪尽职守：管好你自己的敬业度

第五章

自动自觉：选你所爱，爱你所选

第六章

力争上游：把进取当成一种工作习惯

第七章

省时高效：高效执行力就是做事要速战速决

第八章

善于沟通：熟知沟通技巧，做职场达人

第九章

注重结果：不是完成任务，而是做出成果

第十章

谨行俭用：节约成本，为公司创造价值

第十一章

谦虚收敛：踏实做事，低调做人

第十二章

饮水思源：感恩企业，珍惜工作

第一章

忠贞坚定：
忠于企业是员工的立身之本

忠诚是员工在企业的立身之本，是一个员工不可或缺的基本素质，同时也是企业对任何员工道德品质的最基本要求，它远胜过任何能力。没有任何一家企业会任用一个对自己不忠的员工。

优秀员工需要一颗忠诚的心

一个优秀的员工，可以在很多方面优于他人，但要是失去忠诚，便无优字可言。

有人说，员工最重要的是能力，其实，忠诚才是员工的立身之本。忠诚远远胜于能力，一个人只有忠诚才能为公司、为企业做贡献。无论是员工还是合作者，都需要一颗忠诚的心，只有这样才能被委以重任。不然，只会成为一个被无视，甚至被辞退的失败者。试想如果你是老板，你愿意用一个能力非凡却对自己不忠诚的人吗？当然不会！

李姣最近感到很苦恼，她思前想后，怎么都想不明白自己为什么会被炒鱿鱼。难道是自己业务能力不行？不对啊，她对自己的能力还是很有信心的。去年年底，还获得了公司的表彰和奖金呢。自己的业绩在公司可是排名靠前的，所以也不是业绩的问题。难道是没有处理好人际关系？也不会啊，自己对领导礼貌有加，对同事也是能帮则帮，闲暇时还会一起逛街吃饭呢。自己被辞退究竟是为什么呢？自己虽然平时有份兼职，而且福利待遇确实比现在的工资高，自己确实心动过。但是她觉得自己并没有因此而影响到工作啊。

李姣想不清为什么，为了解决疑惑，她约了平时关系还不错的部门经理王某，王某吞吞吐吐的样子让李姣有些发毛。

"你就直说吧！"李姣直爽地说道。

"好吧，既然你这么说了，那我就直说了。你的确很优秀，业务能力很强，人缘也不错，有团队意识，是个人才。不过，大老板知道你在外面还有份兼职而且好几次你为了完成兼职任务，偷偷利用公司资源，老板也通过熟人知道了。其实这个已经给公司造成了损失了。因为损失不大，老板也就没有继续追究。但是他认为与能力相比，忠诚守信对公司更重要，所以……"

此时，李姣才突然明白了原因。

李姣追悔莫及。她再才华横溢又怎么样呢？缺了忠诚，老板也不需要她。

无论在家庭还是社会，忠诚都是一面永不褪色的旗帜，每个人、每个团队都须依靠它来生存和发展。因此，你千万不要认为自己只要干好了分内的工作、工作出色，就可以得到赏识，就能高枕无忧。那就大错特错了！如果老板察觉出你在工作中耍小聪明，觉得你不值得信赖，就像李姣那样，仗着自己能力出色，业绩突出，利用工作之余为自己"接私活"，其结果肯定像她一样，被老板辞退。

时下有很多刚入职场的年轻人，在工作中总喜欢和自己身边的人攀比，有的攀比薪酬，有的抱怨自己没有得到重用，对公司是各种不满。于是，这些人就有了怨言，对公司也有了二心。这种员工不会在一个企业待太久，当然，企业也不会需要这样的员工。

肯定有很多人这样想：我给公司办事儿，公司付我报酬，除此之外，再无其他关系。有这样想法的员工，眼里只看得见工资，对工作一定难以产生热情，更难以成为优秀的员工，你如果在他们面前提到"忠诚"这样的字眼，只怕他们一定会嗤之以鼻。然而，当今世界，人才辈出，各个行业都不乏有能力的人，企业最偏爱的却一定是忠诚度最高的员工。

美国金融界巨子罗塞尔·塞奇曾经说过："单枪匹马、既无阅历又无背景的年轻人起步的最好方法是：首先，谋求一个职位；第二，珍惜第一份工作；第三，养成忠诚敬业的习惯。"

请记住，任何时候，请热爱你所选择的职业，努力做到忠诚。在这个世界上，无数人都在职场上苦苦挣扎，希望出人头地、脱颖而出，然而最终成功的却只有少数一部分人。这些人的能力自不在话下，可以断定，他们也一定都是忠诚、敬业、怨言最少的。

心理学家认为，老板和员工的关系，既矛盾又统一。从表面上看，老板和员工存在着对立性。比如，老板希望减少人员开支，而员工希望获得更多的薪酬。从更深的层面看，两者之间存在统一性。比如，公司需要忠诚和有能力的员工，只有这样，公司才能很好地运行，而员工必须借助公司这个平台和跳板，才能跳得更高，从而获得自己所需要的物质报酬，满足精神需求。

所以，我们应该明白忠诚对自己、对老板、对公司的重要性。从古到今，没有哪个老板不需要忠诚的员工，忠诚是员工的立身之本！

诚实是做人最基本的准则

以诚立身，以信交友，从儒家传统来说，也是做人之根本。"人而无信，不知其可也。"

诚实，就是忠诚老实。诚实的人忠实于事物的本来面目，不扭曲篡改事实，也不会因要隐瞒自己的真实想法而做出有违自己初衷的事情，他们做事光明磊落，言语真切，处事实在。生活中诚实是和别人交往的桥梁，只有真诚待人，才能与他人建立和保持友好的关系。为人处世如果连诚实都做不到，又何谈其他的呢？

大家小时候应该都听过这样一个关于列宁的故事。

有一次母亲带着列宁到姑妈家中做客。小列宁和伙伴们玩耍的时候不小心打碎了姑妈家的一个花瓶。

姑妈发现后问孩子们："是谁打碎了花瓶？"

小列宁害怕被姑妈批评，不敢承认花瓶是自己打碎的，也和其他孩子一样把责任推卸掉了。

列宁在家就很淘气，也犯过这样的错误，再看他今天的表现，列宁的母亲猜到花瓶是小列宁打碎的。但是，小列宁从未撒过谎，平时犯了错误也都主动承认，这次为什么要说谎呢？

她没有直接说出此事，而是给列宁讲了诚实美德的故事，希望儿子能主动承认错误。小列宁听完之后大哭起来，告诉妈妈："我欺骗了姑妈，我说不是我打碎了花瓶，其实是我干的。"听着小列宁承认了错误，妈妈也耐心地安慰他，告诉他只要向姑妈写信承认错误，姑妈就会原谅他。于是，小列宁给姑妈写了一封真挚的道歉信，承认了是自己打碎花瓶，以及说谎的错误。此后，在列宁成长的过程中，他没有再说过谎话。后来他也通过诚实的可贵品质获得了人民的支持。

工作中也是一样。笼统来讲一个企业是由领导和员工组成的，大家为了公司的发展在一起工作，公司要给员工提供岗位和工资，员工要按公司的要求完成各项公司安排的工作。在这种合作的关系中，公司要对员工讲诚信，员工也要对公司够诚实。如果在一个公司中，双方都不够诚实守信，又怎么能让企业长期发展下去呢？

随着社会的发展，有的人活得越来越不诚实了，什么事都想着自己，为了一点蝇头小利，会编造很多谎言来换取别人的信任。作为企业的一个员工，你若想担负起较大的责任，想得到老板的重视，就要在工作中做到诚实，这是取得信任的基础。如果同事觉得你是一个诚实守信的人，那么他会很愿意和你交往；如果老板觉得你是一个诚信的人，他甚至会把你当成他的心腹，会把很多重要的事情交给你去处理，这其中的分量，相信你自己也能够衡量得出来。

由于各方面的原因，王明大学毕业之后先后跳了好几次槽，每份工作都是做了一段时间之后就会觉得有这样那样的不满意，不是嫌职位不好就是觉得薪水不多。最后，他终于如愿以偿地进入了一家颇有名气的大企业，并且还签了合同。尽管公司的各方面条件都很好，可是工作了三年之后，王明又对目前的工作产生了厌倦，于是他就托在医院的朋友给自己开假的病假单。他一开始先是撒谎说自己的身体不舒服去医院看病，然后向公司经理递交了医院开出的时间长达一个月的病假单，三个月后他再次递交了医院开出的再休息一个月的病假单。

两个月之后，令王明没有想到的是，他居然收到了公司解除合同的通知书。通知书上是这样写的：因为王明提供假的医院病假单，违反了公司的规章制度，公司依法解除双方的劳动合同。

王明拿着通知书心里有说不出的滋味，真是后悔莫及呀。

中国有句老话："若想人不知，除非己莫为。"的确是这样的，毕竟纸是包不住火的，一个人只有踏踏实实地为人处世才会得到大家的信任，在职场里更是如此。如果你连最起码的诚实都没有，为了自己的利益就说谎，这样的话还有谁敢信任你？假如你是一家公司的老板，你的员工没有诚信可言，你会赏识他、会把手头的事情交给他去做吗？答案显然是不会的。因此，如果你对你的公司、对你的老板不诚实，那么，你会失去很多宝贵的机会。

正直诚实对每个人每个行业都很重要，要想做到确是很难。政治家诚实，才能受到人民的拥戴；商人诚实，才能受到消费者的信赖；艺人要做到诚实，才能受到百姓的喜欢与尊重。

就个人而言，诚实守信是一种高尚的人格力量，只有做到这个，我们未来的路才能走得更踏实坦荡。就企业而言，诚实守信是一种宝贵的无形资产；只有对待客户诚实守信，才能被信赖，企业才能走得更远，变得更强。身在职场，如果你连做人最起码的诚实都没有，那无论你从事的是什么样的职业，注定都是无法成功的。

成功是踏实、专心的结果

成功只是一个概念，踏实、专一才是一种状态。脚踏实地才能成功。

现代人无论是在生活上还是在工作上，背负的压力都越来越大了，谁都想能轻松点儿就轻松点儿，对一件事情，能少付出一些就少付出一些。可是如果你把应该付出的减到要不劳而获的程度，那就很危险了。渐渐你将会变得对一份工作没有耐心，不能塌下心来去专心致志地做好一件事情，好高骛远、朝三暮四，总是想着付出最少的，得到最多的。然而，"天下没有免费的午餐"，身在职场，你想得到高薪，想得到更好的职位，就只有脚踏实地地努力，专心最好自己的工作，为公司谋福利，才能得到自己想要的。如果你总是坐在那里空想，而不付诸行动，那么你等来的可能是一无所获。

赵凯四年前从大学毕业后就为自己制定了一个职业生涯目标：30 岁之前，必须拥有自己的公司。在他看来，这并不算一个很宏伟的目标，只要自己努力，是一定可以做到的，他决定先积累工作经验和资本，四年之后自己做老板。

赵凯打算先去外企就职。因为一方面外企的薪资待遇好，再者可以积累良好的人脉资源，为将来创业做准备。等时机一到，就自己开一家公关公司。

但是时间刚过了两年，赵凯就有些等不及了，心情开始焦躁起来。他觉得成功要趁早。看看周围当年一起毕业的同学，一部分人工资比自己高很多，还有一些学有所成的"海归"，虽然现在的就业形势没有前几年好，但总算有所成就。再看看自己，每个月累死累活地工作，薪资也就那样。他觉得原来看似很容易实现的梦想现在看来却遥不可及。

赵凯对未来有一种说不出来的紧张感。现在社会竞争太激烈了，稍不努力就会被比下去。他内心着急，还总想着去待遇更好的公司上班，这样才能更快实现自己的梦想，以至于在外企的工作也做得心不在焉。一段时间后，赵凯被公司炒了鱿鱼。因为赵凯能力有限，之前看中的公司也没有录用他。最后的结果是什么都没有得到。

看得出来，赵凯是一个非常渴望成功的人，可是他想得太简单了，总是想快速获得成功。没有踏踏实实做好自己的工作，还朝三暮四地想要更好的机会。

要想成功，要想在事业上有所作为，需要有一个积累的过程，凡事都不要异想天开，更不要妄图不劳而获。想要得到什么，你就要为之付出相应的努力，踏踏实实、专心于眼下的工作才是可靠的。如果你只是像赵凯那样，光是想着自己的目标而不付诸行动，或者即使付诸行动，却又急于求成，不踏实专心做事情，想要实现梦想是不现实的。量变才会发生质变，看看那些成功的企业家，哪个不是在自己的行业里摸爬滚打了好多年之后才会有今天的成就？所以，做事情不能浮躁，只有脚踏实地、一心一意对待自己的工作，一步步积累，才能更好地实现自己的理想。

小何是刚毕业的大学生，对于将来自己要做什么一直很迷茫。很幸运的，刚毕业就找了一份待遇不错的工作。干了一段时间后，小何觉得没意思了，总觉得这不是自己想要的生活。可是面对待遇不错的公司，小何又舍不得离开。就这样过了半年，小何在工作上一直进步不大，而且工作态度也很难让人满意，最终被老板劝退。

后来小何又换了一份自己觉得有意思的工作，以为会长久地干下去，可是后来的结果依然是不足半年被辞退。

对于工作，小何从来没认真思考过自己适合做什么，想要做什么，总是三心二意地图个新鲜。最后的结果是在职场上永远走不远。所以我们在工作时，选好自己想要的工作后，踏踏实实、一心一意做好手里的事情，是对自己负责，也是对公司负责。对公司负责，也是忠诚的一种表现。

保守企业机密，恪守职业道德

有些事我们现在不可做，但不是说以后不可做，但是，有些事却是我们无论现在还是将来都不能去做的。

人的发展离不开社会的发展，当人们处在纷扰的社会里时，难免会遇到形形色色的事件，当你在社会上跌跌撞撞地成长起来，就一定会遇到各种形式的诱惑。特别是在商业战场中，套路繁多的诱惑包裹着你。很多成功者或优秀者，都可能因为无法抵挡利欲的诱惑，而做出有违原则的事情。如果一名员工，因为一点利益而出卖企业，那么他就无法再心安理得地站在自己的岗位上，顶着"优秀员工"的称号。因为他出卖的不仅仅是企业的利益，还有自己的道德和人格。甚至那位从他身上获得不正当利益的人，也会看轻他。

如果说忠诚是一名好员工的基本素养，那保守企业机密就是员工对企业忠诚的重要表现。忠于自己，忠于自己的工作，忠于自己的老板，忠于自己的企业，这是好员工赢得老板重视和信任的关键。有人曾说："如果你是忠诚的，你就是成功的。"一个忠诚的员工，不管位居何职，都会发自内心、尽责地做好自己的工作，而这样的好员工，迟早会被老板敏锐的眼光捕捉到。

白小军是一家公司的销售总监，在最近的一个合作方案中，白小军和公司高层发生了一些意见分歧。由于双方各持己见，一直未能达成共识。为此，白小军一直记恨在心，觉得自己在公司说话都不顶用了，于是打算跳槽到另一家竞争对手的公司。

白小军之所以跳槽到那家公司，一方面是出于私愤，另一方面是为了证明自己的能力。为了赢得未来公司领导的信任，白小军想方设法把原公司的客户电话和机密文件泄露给未来公司。他还把这些消息透露给各市场经销商，使得市场乱成一团，并引发了很多市场纠纷，从全国各地打来的投诉电话几乎将公司的电话打爆。

事情并没有因此而停止，白小军还打电话给当地工商局和税务局，说公司的账目有问题，曾逃税漏税。虽然最后经查证原公司并无此嫌疑，但却给公司的名誉和信誉带来了很大的伤害。原公司领导得知这一切都是白小军的所作所为以后，非常震惊，也颇为愤怒。

当白小军带着满意的"成果"去向竞争对手公司邀功请赏时，没想到却碰了一鼻子灰。不仅没有被奖赏，还被该公司的经理轰了出来。原来，竞争对手公司的老板看到白小军这样对待自己以前的公司，便开始担心："以后是不是公司对他稍有不公，他就如法炮制对待自己的公司呢？留这样的一个人在自己手下，岂不是像埋了一颗定时炸弹，这样的员工谁敢用啊。"

白小军的结果可想而知，他一定是竹篮打水一场空，两家公司都不再聘用他。

白小军之所以落得如此下场，就是犯了一个职场大忌，没有保守企业机密。要知道，员工保守企业机密是对企业最重要的忠诚体现。在职场中，员工对企业的忠诚是双向的，当员工付出一份忠诚，就会收获企业的一份信任。立足本职工作，做到爱岗敬业，保守企业机密是身为员工得到企业信任、获得企业认可、提高自身能力的有力武器。因为在老板看来，能够做到这些的员工才是值得他信赖和栽培的员工。

　　美国洛杉矶曾经有两家竞争非常激烈的电子公司，一家叫 IB，一家叫比利孚。IB 有一个技术骨干、高级工程师，名叫斯科特。有一天，斯科特忽然收到比利孚公司技术部经理威尔的电子邮件，以老友叙旧为由，请他共进晚餐。

　　斯科特准时赴约。开始时，两个人真的只是叙旧，斯科特的心情还比较愉快，可是威尔接下来却隐晦地提出希望斯科特能透露一些 IB 公司最新产品的数据，理由很充分："在比利孚的挤压下，IB 的销路已经面临崩溃，破产是早晚的事。只要你能在最后的时刻出一份力，一旦 IB 关门，比利孚的大门随时向你敞开，高薪厚职，都不在话下。——这是一个老朋友善意的提醒，希望你仔细考虑。"

　　斯科特一听，愤而离席，临走时说："如果你以后再说这样的话，我们就可以不用做朋友了。"

　　其实，斯科特很明白，威尔说的是实情，IB 现在正陷入困境，基本上所有人都无力回天，但是多年的职业素养不允许他在这个时候背叛培养自己多年的公司，所以他毅然决然地拒绝了威尔的要求。

　　两个月以后，IB 果然没能走出困境，正式宣告破产。失业的斯科特正打算另觅职业，却接到了比利孚人事部经理的电话，说他们的总裁想见见他，并高薪聘请他到技术部供职。

　　原来，威尔当初是受了总裁的委托，去试探斯科特的。当时，IB 破产已经成为定局，比利孚就打起了 IB 的技术骨干的主意。IB 有能力的员工自然不在少数，可是，谁的职业精神更过关呢？比利孚的总裁就想出了这样一个办法。

　　事实上，威尔秘密约请的技术骨干不在少数，可是 IB 破产后，得到比利孚的聘书的，只有包括斯科特在内的少数几个人。最初斯科特虽然拒绝了威尔，比利孚也正是看到了威尔对于公司的忠诚态度，才聘请了斯科特为自己工作。贪婪是人性中的一大弱点，它很容易引诱人们犯下各种各样的错误，在工作中也不例外。这些错误小则在单位里小偷小摸，大则贪污公款、收受贿赂等，仿佛这样做自己就得到了除工资之外的"额外报酬"一样，其实不然。在外界的诱惑面前更应该约束好自己的贪婪之念。保守企业机密，恪守职业道德，这样才能让自己的职业生涯不断走向成功。

从商业的角度来说，企业的秘密，只能由企业内部参与工作的少数人知悉，这种信息不能从公开渠道获得。员工保守的企业机密一定是不为公众所知的，是能为企业带来经济利益、具有实用性并且是需要企业采取保密措施的技术信息和经营信息。如果这些信息被众人所知，那将造成不可挽回的后果。

现阶段，我国很多企业对商品信息、经济信息的保密意识都不强，也没有采取专门有效的保密措施。而员工对什么是机密的认识也不太清楚，因此常常会出现无意中泄露的情况，所以避免无意识地泄露本企业的机密，也是一名好员工需要学习和掌握的。

作为企业里的一名员工，除了应尽职尽责地做好本职工作、保守企业指明的秘密外，还应主动地把自己从事的工作视为秘密，比如销售的数据、进货的价格等。如果你是一名掌握着企业核心机密的关键员工，那就更应该时刻记住保守企业机密的重要性，时刻谨记泄露企业机密的危害性。

人们总是说，商场如战场。以此类推的话，企业的机密犹如战场的情报一样事关生死成败。所以企业里的每一名员工都要有保密的意识，不向任何人泄露本企业的重要信息。这样做既是员工对企业忠诚的表现，也是员工对自己工作负责的态度。员工在对外工作中，要有保密的意识，在什么场合说什么话，什么话该说，什么话不该说，心里都要有个衡量的标准。

试想，如果员工对企业不够忠诚，对工作不够负责，更缺乏保守企业机密的意识，他就很容易被别人利用，甚至被企业竞争者收买。员工泄露了企业的机密，也许会获得一些蝇头小利，却可能给企业带来极大的损害。

曾则强是一家公司的仓库主管，平日里工作很认真，也很尽责，很少出什么差错。近日，他却头脑"短路"，财迷心窍地犯了一个很大的错。

原来，前两天曾则强休班没事，在小区门口和邻居下棋，有人打电话找他，说公司仓库丢了东西，让他赶紧回公司。没等曾则强细问，电话便挂断了。曾则强没多想，只是觉得宁可信其有，不可信其无，便匆忙赶去公司。在去往公司的路上，曾则强被一个陌生男子拦下，他说刚才那电话是他打的，电话的内容是假的。曾则强听他介绍完自己，并看了他的名片，便想起来了，该男子是某公司的负责人，而这家公司正好是他们公司最大的竞争者。曾则强猜到了来者的意图，想要离开，但是那名男子拦住了他的去路，说有事相商。

原来，他们想不出可以和自己公司相竞争的良策，便想出钱让曾则强暗中出卖他们公司的机密。曾则强未能禁得住利益的诱惑，便把自己知道的一些货品信息告诉了那名男子。就在不久之后的一次竞标中，曾则强的公司投标失败，老板很恼火，却没找到失败的原因。

当曾则强听到这个消息以后，他想到可能是自己泄露仓库货品信息导致老板竞标失败的。他经过一夜的考虑，做好了被辞退的准备。第二天一上班，曾则强就来到老板的办公室，主动向老板交代了之前泄露仓库货品信息的事情。老板先是狠狠地批评了曾则强，然后让他写检讨书，还说"这次错误很严重，我必须狠狠地处罚你"。但老板念他知悔改，也没有给公司造成极大的损失，便没有降他的职，更没有辞退他，而是扣了曾则强两个月的薪水。

员工在企业里做到忠诚并不是一件易事，因为外界的诱惑实在太多，有很多人都未能经得住金钱利益的诱惑。案例中的曾则强因为没有经得住诱惑而泄露了企业的机密，好在他迷途知返，没有酿成大错，也并没有给公司带来不可挽回的损失。其实，在当下社会中，忠诚的员工犹如宝石一样珍贵，正因为如此，忠诚才会被各行各业的人所重视。对于企业来说，企业花费人力、物力、财力所搜集的商业机密，是企业赖以生存和发展的重要资源之一。有时候，这些企业机密甚至事关企业的生死存亡。所以，员工身为企业的一员，要做好保守企业机密的相关工作，充分地认识到企业机密的重要性，从而保护企业的利益。

对于员工来说，保守企业机密是一个好员工最基本的职业道德。守护好企业的秘密，是员工在职场发展中应遵守的规则，也是员工对企业忠诚最直接和最基本的体现。一名忠诚的好员工，绝不会不把企业秘密当回事而随意泄露。员工想要赢得发展，赢得尊重，就要在任何情况下对企业的机密守口如瓶。不该问的不问，不该说的不说。

第二章

尽职尽责：
认真负责，不做"差不多"先生

责任感是家庭以及社会对一个人最基本的要求。在职场中，责任感也是一个优秀员工应该具备的一种品质。只有心存责任感的员工，才能全心全意地完成自己的工作，用大无畏的奉献精神，把公司当成自己的家，继而在自己平凡的岗位上做出不平凡的成绩。

工作与责任不可分割

选择工作就意味着要承担责任，每一个职位所规定的工作任务就是一份责任。

如果一份工作中缺少了责任，那么这份工作就不是一份合格的工作，所以，工作不单是为了谋求生存而不得不做的事情，更是一种饱含责任的使命。

对于一个职场人士来说，工作就是责任，责任感会让人把工作完成得更加出色。有很多员工在谈到自己的工作时，总是一副无所谓的态度，这种没有责任感的员工注定在工作中是做不出什么成绩的。还有的人对工作满是抱怨、牢骚，不是觉得这个不好就是觉得那里不对，工作完成得不怎么样，毛病倒是没少挑，抱着这种对工作不负责任的态度，是很难把工作做好的。

陈丽是一个从东北农村来北京工作的小姑娘，她性格单纯朴实。在人才济济的北京没有高学历的她只能靠着自己的双手来养活自己。幸运的是，她来到北京就在一家火锅店里找到了一份待遇还算不错的工作。

不久，大家都知道陈丽是从农村来的，有几个后厨的老员工就有意让陈丽多干活，还经常把脏活和累活都让她一个人做。但是陈丽这人很老实，即使知道这些老师傅是在有意为难她，她不但不生气，还很高兴，她觉得自己这样也很好，既过得充实，也能学到更多的东西。很多同事都劝她别这么老实，要不然会被人欺负的，她总是笑笑不说什么。

由于工作繁多，所以她总是第一个到店里，却是最后一个离开。尽管如此，她还是一句怨言都没有。经过一段时间的相处，那些老员工渐渐和陈丽混熟了，他们被陈丽的纯朴打动了，都不再欺负她了，还总是给她找一些轻巧的活来干。但是陈丽干活干习惯了，还不太习惯这突然轻松，她还是闲不下来，忙完了后厨的活就去前厅看看能不能帮上什么忙。渐渐地，店里几乎所有的员工都认识了这个乡下来的妹子。老板也听说了她的事，于是就找来她，对她说："陈丽，你为什么要这么拼命工作啊，你是想要加薪还是想当个什么官啊？"

陈丽笑着回答道："老板，我没什么文化，但是我有勤劳的双手，我是靠着我的能力吃饭的。我从小就干活干习惯了，所以到哪儿我都闲不下来，我觉得好好工作就是我的责任，这和薪水、职位没有关系。"

老板被陈丽的一番话打动了，加上她的确干得很好，第二天就升任陈丽为店里的领班，而且还给她加了薪。此后，陈丽更加努力工作了。

如果你能把责任感投入到工作中，相信你一定会成为一名优秀的企业员工，而这种责任感一旦形成之后，会很自然地融入你的生活中去，相信在这个世界上没有人不喜欢一个有责任感的人。作为基层员工首先从做好自己的本职工作开始。一个连自己的本职工作都做不好的员工，能承担什么责任。

任何岗位都有其岗位要求。对普通员工有岗位要求，对领导层同样有岗位要求，哪怕是企业的老板，也毫不例外地如此。而当好本职工作的"负责人"，首先要从对岗位要求"尽本分"开始，岗位怎么要求，我就怎么去做。

徐雷鸣中学毕业后便离开家乡到城市打工，经过老乡介绍，徐雷鸣在一家公司从事保安工作。一天，公司的一位领导和外面的人发生了冲突，结果，十多个人拿着铁棒、匕首冲到公司门口。

看到这架势，公司的员工全都吓跑了，只有徐雷鸣留了下来。尽管当时徐雷鸣心里也很害怕，但报完警他还是抄起一根铁棍，挡在了门口，并大吼了一声："谁都不能进来！"

那群故意挑事的人被吓住了，不敢往里冲。就这样僵持了十几分钟，等到警察来了，那群人才一哄而散。徐雷鸣的这种负责精神让公司老总很感动。事后，他被任命为公司的安全负责人。

在危及生命的情况下，每个人都会害怕。但徐雷鸣的想法是，保安就是要保护公司人员的人身和财产安全，既然选择做这份工作，就要做工作要求的事，在关键时刻挺身而出，否则，工作将没有任何意义。徐雷鸣严守岗位，认真做好自己的本职工作。然而，很多人并没有对工作认真负责，原因就是从没想过自己的岗位职责到底是什么！

那么，怎么来分清我们自己的岗位职责呢？有三个简单步骤。第一，逐条罗列；第二，将每一条逐一细化；第三，请上级修正和补充。因为你的角色认知往往和领导对你的要求存在差异。因此，请领导修正和补充后，你就能明白自己的岗位职责。这样，你就知道自己该怎样为工作负责了。

一个人需要明白，工作不仅仅是在为公司做事，而是在提升自我。只要你自己进步了，能力提升了，才会有更大的发展空间和展示才华的舞台。不要太在意他人的说法，努力工作，快乐工作，这本身就是一件有意义的事。

工作中，常有人认为只有担当领导职务的人才能承担重要的责任，其实任何一个员工都肩负着一定的责任，而且这些责任就一点一滴地体现在自己的本职工作中。所以说做好本职工作是一个员工最基本的素质。

在职场中，如果把责任感和工作分开的话，你就不会在工作中有很大的进步，因为你对自己的工作没有了责任心，就没有了激情和动力。对待工作如同一潭死水，自然是不会激起浪花的。

对工作负责，表面上好像是对公司和老板有利，实际上最终受益者还是自己。当我们把工作看成是生活的一部分，全身心地投入进去的时候，不仅能从中收获快乐，还能获得更多的知识，积累更多的经验。也许这一切不会有立竿见影的效果，长期以后你就会发现自己受益颇多。而且可以肯定的是，当"不好好工作"成为一种习惯时，也不会有好的结果。对工作负责，就是对自己负责。一个没有责任感的员工，不仅会因为自己的失责给公司带来损失，还会为自己的职业生涯带来损害。相反，一个有强烈责任感的员工，不仅能为公司做贡献，同时也会助自己走向事业的辉煌。

不推卸责任，不嫁祸同事

错误是抹不掉的，只能是越抹越黑。

在职场中，很多人的工作出了纰漏以后，跟上司交代时往往是这么一句话："要不是某某或某个部门出了差错，事情不会是这个结果。"言外之意，我做得很好，是他们配合得不好，所以不关我的事，都是别人的错。这是明显的推卸责任、嫁祸同事的行为，也是职场上的一大禁忌。

秦鹏的公司总部在香港，他们在深圳有个办事处。早些年，办事处刚成立时，按程序是要申报税项的，但是当时很多性质类似的办事处都没有走这个程序，所以这家办事处也没有申报。大约过了两年多，税务局查税时发现了这件事，不仅罚了款，还严重警告了这家办事处。秦鹏非常生气，问办事处的主管怎么会犯这样的错误。主管说："我当时是想申报的，但是职员说类似的办事处都没有申报，而且不申报的话还可以节约一些开销，所以就耽搁了。"秦鹏又去质问那个职员，职员说："别的公司没有申报，我们就没申报，而且情况我都汇报给主管了。他接下来没有指示，事情就不了了之了。"

时隔多年，秦鹏对这件事依旧印象深刻，并不是他心胸狭窄，不能原谅犯错的下属，而是他由此更加认识到了责任对于员工的重要性，对于企业发展的重要性——出了这么大的事，当事人都不反思自己的错误，而是想办法把责任推到对方身上，公司里如果都是这样的员工，还谈何发展呢？

随着时代的变迁、社会的发展，现代企业里，公司制定制度时都尽量往权责明确的方向发展，但是任何一家公司都无法保证百分之百的权责分明，总有一些突发的任务和事件无法具体划分给哪个部门或是个人。如果你是负责处理这些事情的员工，事后出了问题，建议你一定不要推卸责任，说这不是我的分内事。要知道，推卸责任不仅不能解决任何问题，而且还会让同事和上司对你产生不满，给你的职业生涯带来不良影响。

比克是一家大型建筑公司的工程部经理。有一次，公司的施工队伍在外地施工时，与当地居民发生了冲突。总经理便派比克去协调这件事。比克到达当地后，还没有跟工程负责人了解详细情况，就开始发号施令。在他看来，第一，他比几位工程负责人职位高；第二，他是总公司派来的。因此，他认为所有人都要听他指挥，而且不肯听从他们的合理建议。结果，施工队与居民的矛盾不仅没有得到缓解，反而愈演愈烈。

比克灰头土脸地返回总部，不仅没有在总经理面前承认错误，反而把责任全都推到了施工队负责人的身上。总经理从各方面了解到实际情况以后，对比克的信任开始有所保留。此后不久，在公司的一次大规模的职位变迁以后，比克的职位不升反降。

以局外人的眼光来看，比克的做法无疑是错误的，错在哪里呢？刚愎自用，此其一；推卸责任、嫁祸同事，此其二。然而，很多人明明知道这是错误的，却总会在自己的工作中，不经意地犯下这样的错误。试想，当一个人的精力没有全部投入到工作中，而且一出了问题就急着置身事外、想办法推卸责任时，他能很好地完成工作吗？他的职场生涯，能有乐观的前景吗？

如果你想成为老板眼中合格的好员工，就应该有这样的意识：人无完人，谁都有可能出错，一旦出错，要诚恳地检讨自己，主动承担责任，并且想方设法解决问题。时间久了，你肯定能得到上司和同事的认同。无论任何时候，请坚信，勇于承担责任能让我们的能力得到提升，如果能把推卸责任和嫁祸同事的精力用到解决问题上，你的工作前景一定是另一番景象。

做企业问题的"终结者"

工作的实质是解决问题。小问题不去解决，就会成大问题。优秀的员工从不指望别人解决"我的问题"，而是主动解决"所有问题"。

美国前总统杜鲁门曾经要求每个下属都必须在办公桌上贴一张便条，上面写着同样一句话："Bucket stop here"。"Bucket"在英文里，本义是水桶，但人们习惯于把它引申为"问题""麻烦"的意思，因此这句话翻译成中文，可以理解为："让问题到此为止"，也就是要求大家主动承担责任、解决问题，不要像传递接力棒一样，把问题传来传去。

"让问题到此为止"是职场中人应该谨记的法则。国内一位著名的企业家曾经说过："员工应该即时停止把问题推给同事的行为，并且习惯培养起自己的责任感，热心地处理遇到的每一个问题，真正地承担起自己的责任。"

人在职场，可能会遇到各个方面的阻力，需要化解多方面的矛盾，许多时候，也免不了要受委屈。正是基于这些理由，很多人在发现问题时，都会自觉或者不自觉地"踢皮球"，能推就推，能躲就躲。因此，"让问题到此为止"这句话就不是每个人都有勇气说出来的了。然而，困难和懦弱都不是逃避问题的理由，挑肥拣瘦也不是对待工作的正确态度。一个杰出的员工，一定是会解决问题、愿意承担责任的员工。也只有拿出"让问题到我为止"的精神，你才能得到上司的赏识，工作能力也会不断提高。

在一次销售员座谈会上，一个销售员委屈地抱怨道："由于通讯故障，我没有及时联系到一位客户。焦急的客户便打电话给所在城市的分公司配送部，配送部让他打给客服部，客服部又给了他分公司经理的电话，这位分公司经理又让他拨打我的电话。这样耽搁了两天的时间，由于客户需要的货品十分紧俏，库房里已经没有货了。客户怨气冲天，投诉到总公司，坚持取消和我们公司所有的合作关系。于是我被总公司点名批评。"

我们说，在这件事中，导致了这种结果的人是谁？是这个销售员吗？是配送部和客服部吗？是分公司经理吗？我认为，这是他们共同导致的结果。销售员为什么不通过其他方式联系客户？配送部、客服部和分公司经理为什么总把问题往下一个环节推？如果任何一个部门能拿出"让问题到此为止"的态度，事情也不会是这个结果。表面上看，销售员挨了批评，而实际上，整个公司的利益都受到了损失，那么作为公司的员工，你怎么能说跟你没有关系呢？再看看下面这个案例。

A和B是就职于同一家公司的销售员，年底的时候，公司派A去一个大客户那里要账。数额还不小，整整10万元。但是这个客户百般推脱，就是不肯还钱。A明白这个客户不好应付，又想他欠公司的钱，又不欠我的钱，我干吗在这里受这份闲气？于是掉头返回公司，跟上司解释了半天，内容无非是抱怨客户太狡猾。

上司倒也没多说，又派B去办这事。客户见又有人来要账，话说得更难听，说你们的产品还积压在货仓，还好意思来要账，又说既然互相不信任，以后就没有合作的必要了。B一直不急不恼，赔着笑脸，就是一连几天要么把这个客户堵在办公室，要么堵在小区里。最后，客户觉得耗不过他，只好开了支票给他。

B 拿到支票，准备去银行兑现，才发现自己又被客户耍了，账户里只有 99900 元，是取不出来的。临近年关，所有的公司都要放假了，难道要把这个任务留到年后吗？B 想了想，只好自掏腰包，汇了 100 元到这个账户，凑足了 10 万元把支票兑现了。

转过年来，销售部要提拔新的主管，A 和 B 的能力不相上下，上司本来很难决定该提拔谁，但就是这么一件事让他做了最后的决定，选择了 B 作为新的主管。

如果你是上司，面对 A 和 B 两种类型的员工，你更愿意提拔谁？答案是不言而喻的。不管哪种类型的企业，老板最欣赏的一定是勇于承担责任的员工。如果你在面临问题时不是全力解决，而是一味找借口推卸责任，那么，老板不仅会质疑你的责任心，也一定会质疑你的工作能力——在这种情况下，你难道还指望他会提拔你吗？

因此，每一个想在职场中有所作为的员工都应该有"让问题到我为止"的精神，争当"问题终结者"。如果你能做到的话，你的责任感和工作能力迟早会让你获得上司的青睐，并且在成功的道路上越走越顺利。

细节也是竞争力

天下难事，必做于易；天下大事，必做于细。

成功的经验有很多，但都离不开这一点："大处着眼，小处着手"。做任何事情都一样，不能一味贪图速成，而轻视平时的训练，唯有把点点滴滴的小事做好，才能积累经验，才能完成大事，因此，细节也是竞争力。

也许你会觉得，细节真那么重要吗？工作的时候一步一步地来不就可以了？如果单单是这么想，你就忽略了细节的重要性。事实上，细节在关键的时候是可以决定一个人的命运的。如果你接手了一件很重要的事情，但就是因为一个小小的细节问题，使得你所有的工作都功亏一篑了，这个时候你承担的不仅仅是失败的后果，还有无尽的悔恨和自责。因此在工作中，你一定不要小瞧细节问题，如果你能把工作中的每个细节问题都处理得当了，那么，你就离成功不远了。

历史上，许多优秀人士都极其注重小事，并且特别喜好在细节上下功夫，这也使得他们赢得了人们的尊重。

美国历史上伟大的总统肯尼迪就是一个非常注重细节的人，他在 1961 年的总统就职典礼检阅仪式上，注意到自己的海岸警卫队中没有黑人士官，便立即派人调查此事；后来又发现美国陆军特种部队取消了绿色贝雷帽，他立即下令让他们恢复；在他成为总统入主白宫后，有一次在白宫草坪上居然发现了蟋蟀草，于是亲自叫来园丁将其除掉；他就任总统不久便召开了一次记者招待会，在有关美国和古巴的经济贸易问题上，轻而易举就回答了"美国进口古巴1200万美元的糖"的问题，令人佩服的是，这件事只在此前有关部门递上的报告文件中轻描淡写地提过一句。

作为一名总统，肯尼迪事无巨细的做事风格加深了大众对他的信任。

其实，名人或成功者并非事事、时时都胜人一筹，他们仅仅是比普通人多注重一些细节而已，可以说，细节也是一种竞争力。

许多时候，你可能不乏好的主意和方法，也努力向有经验、有能力的前辈学习，但往往从大处着眼，而忽略了细微之处，把一些最基本的东西抛诸脑后去建设空中楼阁。一件事情的成功，是每一个完美的细节所组合起来的。因此在每个环节上，你都必须仔细做好。只有养成认真、细致的习惯，你才能将每一道细流汇聚起来，继而得到成功。

对自己的工作负责，不仅仅是着眼于大的地方，一个员工如果能够注重工作中出现的每个细节问题，能够做好自己的工作，相信下一个被老板重视的就是你了。

细节，需要仔细观察，用心体会。在竞争激烈的今天，仅仅是能力出众还不够，还要注意细节，这样才有竞争力。

责任胜于能力

能力或许可以让你胜任工作，但是责任却可以让人创造奇迹。

很多职场中人感觉自己做事没效率，工作了那么长时间，总也做不完手中的工作。原因就是你没有把它当成是自己的责任。如果将工作当作自己必须承担的责任，自然会为怎样简便快速地完成工作找方法，明确每个工作环节应该做的事情，这样做起来效率会大大提高。

有一家化妆品公司高薪聘请了一个叫杰明的副总裁。公司总裁十分看重杰明，因为从简历上看，这个杰明很有能力，毕业于哈佛大学，之前曾在三家企业当主管，有着很强的业务能力。但是，他来到公司有一年多，却成绩平平，几乎没有为公司创造任何业绩。这样出色的人才，怎么会没有业绩呢？

总裁感到很奇怪，便去咨询人力资源专家，他对专家说："我绝对信任他是个非常有能力的人。"

"那么，你都了解他有哪些能力呢？"专家问道。

通过总裁的介绍，专家认为，杰明是一个十分勇于接受挑战的人，工作越难，越能激发他的斗志。这样的人才正是公司所需要的。后来专家又找到杰明，杰明终于说出了心里话："在刚进入公司的时候，我充满激情，决心要大干一场。但是，后来我发现公司有太多的规定束缚着我，干什么都有束缚，这让我很失望，我工作起来也越来越觉得没有兴趣了。"

原来，总裁总是喜欢指导手下，包括副总裁杰明，并且在用人上不放心，凡事都要请示他之后才能做决定。副总裁杰明手里根本没有自主权，遇到大小事情都要报告总裁决定，这样，他的副总裁位置形同虚设，根本没有发挥任何作用，俨然成了总裁的秘书。这样也导致了他对于工作少了一份责任感。

后来，专家把杰明和总裁叫到一起，让他们共同商量职权问题，分清两人负责的内容，这样两个人就是合作伙伴的关系。这大大增强了杰明的责任感，他又重新找回了工作的热情。他们通过共同努力，做出了很多成绩。两人因此成了亲密的战友。

由此可见，杰明心理上对总裁的行为不满，使他逐渐失去了对公司的责任心，其才能也在无形中被抑制住了。可见，强烈的责任心能唤醒能力，能激发人强大的潜力，带动起人的工作热情。

在工作中，一个优秀的员工如果没有责任心，那他有再高的能力也不能得到发挥，甚至会把自己的聪明用到错误的地方，其结果也是可想而知的。

高华是一个外贸公司的员工，她负责的工作是外贸采购，每天的工作任务就是盯着电脑，通过网络来完成一些采购任务。刚开始的时候，高华对工作投入了很多的心血，每天都是勤勤恳恳的，当然，她的工作效率也是最高的，老板经常当着众人的面夸奖她，对她在薪酬方面更是不吝啬。时间长了，高华就产生了一种骄傲的心理，觉得自己聪明，于是在工作的时候她开始开小差，经常上网聊天或者玩游戏。

一开始，平日里和她关系挺好的同事还劝说她，可她不但不知悔改，反而觉得她们这是在忌妒她。时间久了，老板也知道了这些事情。见自己的奖金少了，高华就拿着工资卡去找老板谈话，老板也没多说什么，只是话里话外说出了她最近一段时间的表现不好，对工作太不负责任了。老板以为高华会为此改过，可高华表面上认了错，心里还是打着自己的小算盘，结果她工作效率越来越低。老板本打算给她机会，但是她自己没有把握住，最后被老板炒了鱿鱼。

作为一个员工，无论你有多聪明都要认真负责地工作。聪明本来是优点，如果你没把它利用好，那就会应了一句话：聪明反被聪明误。如果你能将聪明才智用到工作中去，再加上勤恳的工作态度，相信过不了多久，你一定会有所作为的。如果你自作聪明地把工作当儿戏，最后可能会失去工作。

工作不是一部"偶像剧"而是一部"纪录片"，它需要实实在在的东西，而不需要追求华丽的效果。工作不是儿戏，你只有认真负责地对待它，它才会给予你无比丰厚的回馈。有能力固然重要，责任心才是作为一名员工的基本素质。对工作有责任了，所有的才华才能发挥到正确的地方。

有人曾说："人一旦受到责任的驱使，就能创造出奇迹来。"强烈的责任感还能激发人学习进步的动力。

责任心，是企业发展的坚实力量，是公司发展的"防火墙"，是员工恪守职业道德做好本职工作的重要因素。员工是否有责任心，责任心是否强烈，关系到整个团队的发展，有时候甚至会关系到整个公司的生死存亡。所以员工一定要培养和加强自己的责任心，为公司贡献自己的一份力量，更是增加自己的人生价值。

第三章

团队合作:
1+1 不仅仅大于 1

一个人的力量总是有限的，只有与人合作，融入团队才能壮大自己。尤其是在这个快速发展的时代，身在职场，和人合作是不可或缺的工作方式。若是想在职场上做出更大的成就，只有依靠多人合作才能实现。

合作才能共赢，借力才会省力

越成功的人越懂得，只有借力使力才能不费力。

在现在这个大分工的社会，身在职场，我们只有通过与人合作才能实现共赢，因为借力是本着"优势互补，合作共赢"的原则，当我们强强联手，发挥各自的强项时，所有的困难就会迎刃而解。所以，工作时学会借力才会省力，借力才能让自己和对方都把工作做好，我们才有可能获得更大的成功。

孙中山先生说："物种以竞争为原则，人类以合作为原则。人类顺此原则则昌，不顺此原则则亡。"就算是国家与国家之间，也需要合作才能更好地生存，何况我们个人呢？因此，在工作中一定要与人密切合作，这样我们才能更好地发展。

在这个竞争激烈的社会，无论是对手还是朋友，我们都要懂得携手共进才是发展的道理。工作过程中，我们在与人合作之前，必须要明确这样一个目的，就是通过合作取得共赢。

有位美国专家，曾经在许多国家做过一个关于合作达到共赢的实验，可惜的是，这个实验最终以合作不能实现共赢而以失败告终。

后来，这位专家来到中国，找了六个孩子，让他们也做这个游戏。

她把这六个小孩放到一个黑暗的井里，然后在井上对他们说："这个井在一分钟后就要塌了，现在有一根逃生的绳子，但每次只能救一个人上来。因此，这意味着，你们只有一分钟的逃生时间。"

当专家对井里的六个小孩讲完后，才把求生的绳子放下去，同时计时开始。接下来的实验出乎专家的意料，在不到一分钟的时间里，六个孩子就依次被逃生的绳子"救"了上来。

这位专家非常惊奇，她问："只有一分钟的逃生时间，你们是如何做到顺利逃生的呢？"

六个孩子异口同声地回答："合作。"

原来，当六个孩子得知逃生时间只有一分钟时，他们巧妙地进行了合作分工：因为时间紧，而逃生绳子一次又只能救一个人，所以，他们就迅速决定了谁第一个上，谁最后一个上。

有了合作，才让他们顺利地离开了黑暗的井底。

专家问后上来的几个孩子："难道你们不怕万一时间不够，就有可能逃不出来吗？"

那几个孩子回答："想过了，但我们也做好了应对措施，就是万一逃不出去，那几个能逃出的同学，已经答应我们，一出去就赶快找其他人来救我们。这样合作的好处，在于多一分生还的希望，万一都逃不出去，我们就没有任何希望了。"

专家听后啧啧称奇，此时她终于明白了以前实验失败的原因，就是因为那些孩子，听说逃生时间很短暂，都拒绝合作，纷纷争着去抢逃生绳子，导致谁也无法逃出来。

这群孩子为什么能让自己顺利地逃出来呢？答案就是合作，这就是合作的力量！在合作中，我们都会有各自的收获，也就是说在合作中各取所需，才能达到共赢的目的，才能让我们有更大的发展。

我们每一个人只有与人合作，才能将自己的才华最大化地施展出来。明智的人都懂得联合起来，借助别人的力量改变自己的命运。因此，我们在工作中要积极培养与人合作的能力，努力创造双赢的机会。

李翔在一家公司的策划部门工作。由于他工作出色，刚进公司不到半年，已升为部门总监。为此，许多同事向他请教升职的秘诀。

面对朋友的问题，他笑了笑，说道："我根本没有什么秘诀，只不过是会借力而已。"

"借力？借什么力？"同事们疑惑不解地问："我们都工作好几年了，大家都有各自的工作，虽然有困难时也是相互帮忙，但为什么没有像你这样把每一项工作都做得如此出色呢？"

李翔没有直接回答，而是讲了自己刚进公司时工作上的一件事情。

原来，李翔刚进公司时，老板就把公司要举办的一个产品推广活动交给了他来做，时间是一周。为了更好地完成任务，他就在网上发了一个有趣的"玩游戏"的帖子，题目就叫"今天你来当老板"。然后就简单地介绍了活动的内容，问大家"如何把这个活动做得更吸引人"，以及"怎么办效果会更好，还需要考虑哪些细节"等问题。

发帖以后，李翔又通知了自己身边的朋友、同学以及网友来这里讨论。不到半天的工夫，这个帖子就有了上百人参与，大家在上面踊跃发言，各抒己见，争论不休。不到两天时间，大家就达成了共识，并为活动策划出了一个很精彩的方案，这样，还不到三天的时间，李翔就把这个活动方案写出来了，活动方案实施后，效果比预想的还要好很多。

由此可见，借力会让我们的工作变得更简单、轻松。李翔面对工作，懂得借网友的力，让许多人投入到事情当中，获得大家的关注和支持后，充分吸收大家的智慧，帮助自己去考虑问题，这就更有利于自己更快、更好地完成工作。同时，大家也会通过亲身参与而感受到快乐。现代职场上，越来越多的人意识到，若是想要获得人们的支持，给他们一个参与的机会就好了。让他们说说自己的看法，提供自己的智慧，在讨论这件事、说出自己看法的时候，会让他们感觉到自己已经与此事相关，自然而然地将这件事当成自己的事看待。即便这样的讨论并不是所有人都支持，甚至最后的结果也不尽如人意，但是人们也愿意去支持这个结果。

古语有云："下君之策尽己之力，中君之策尽人之力，上君之策尽人之智。"工作中要擅于"借力使力"，借助他人、他物的力量可以帮助自己更快更好地完成目标。

那些有大成就的人物都不完全是靠个人的力量获得成功的。比尔·盖茨曾说："我之所以成功，是因为有更多的成功人士在为我工作。"

要成功，就要学会去借助他人的力量，而不是单单靠自己一个人的艰苦奋斗。在职场中更是如此，要学会调动一切能为自己所用的资源，进而提高我们的办事效率，也能更快、更出色地完成工作任务。

当我们懂得团结他人后，要想实现自我，还要学会第二个技巧——借力。美国的 NBA 每年都要评出一个 MVP，也就是最有价值球员。球员们之所以能成为 MVP，不仅仅是因为他们的个人能力突出，还有一点是因为他们善于借助团队的力量，抓住每一次投篮的机会。也就是说，他们善于借助他人的力量，成就自己。

《荀子·劝学》中说："登高而招，臂非加长也，而见者远；顺风而呼，声非加疾也，而闻者彰。假舆马者，非利足也，而致千里；假舟楫者，非能水也，而绝江河。君子性非异也，善假于物也。"

比尔·盖茨曾说过："善于借助他人力量的企业家，应该说是一个聪明的企业家。"善于借助别人的力量完成个人的目标是一种智慧。因此，你若是能充分运用这种智慧，经常可以获得事半功倍的效果，更容易成功。

战国时期，秦国的子楚是太子安国君二十多个儿子中，很不得宠的一个。由于秦昭襄王采用了范雎"远交近攻"的战略，打算进攻临近的韩国和魏国，而和较远的赵国停战。子楚被送到赵国充当人质，生活十分窘迫，并且充满了屈辱。当时有个商人叫吕不韦，到邯郸去做生意，吕不韦有着远大的政治抱负，见到子楚后非常高兴，心想："子楚就像一件奇货，我可以囤积居奇，以待高价出售。"

于是，他便有意接近子楚，说："秦王年事已高，安国君又被立为太子。我听说，安国君非常宠爱华阳夫人，但是华阳夫人却没有儿子。你的兄弟众多，你又不得宠，还长期被留在这里当人质，即使哪天秦王死了，你的父亲继位，你也没什么希望取得太子之位。如今，最好的办法就是你认华阳夫人为母，尽早回秦国去。"

吕不韦先是拿出五百金送给子楚，供他日常生活和交结宾客使用。接着，他又疏通华阳夫人的姐姐，让她劝说华阳夫人："用美色侍人，很容易色衰而爱弛。现在你侍奉太子，虽然受宠，却没有儿子。如果不趁早在太子的儿子中结交一个有才能而且孝顺的人，恐怕以后没有依靠啊。我听说子楚十分贤能，而且他的生母身份低微，如果你能提拔他做继承人，他一定会对你感恩戴德。要是将来他真的即位了，你就能一生受到尊崇了。"

最终，华阳夫人认子楚为儿子，并帮助他得到了王位。子楚即位后，非常感谢吕不韦，便封他做了丞相。

吕不韦借助华阳夫人姐姐之力，劝说华阳夫人帮助子楚，最终使得子楚返回秦国，夺得了秦王之位。他也因此实现了自己的政治抱负，成就了自己。

由此可知，善于借力的人，不可不谓之人才。因势利导，趋利避害，只有这样，才能最大限度地发挥自身优势、弥补不足，达到"四两拨千斤"的效果。

那么你在公司到底借助谁的力了呢？

首先，你借了公司的力。因为没有公司，你就没有展示自我价值的舞台，也没有生活保障。再者，你借了公司老板的力，如果你处在工作初期，没有老板给你提供工作机会，你怎么会有为公司服务的机会呢？此外，你还借了陪你一同奋斗的同事的力。最后你还可以借物力。那么，有哪些物品可以帮助你呢？其实，当你看这本书的时候，你已经在借力了。因为你从这本书中学习这些经验，不就是在借力吗？

从现在开始，让我们行动起来吧，制定目标，借力发力，成功近在咫尺。

提升团队精神，凝聚团队智慧

一个人如果单靠自己，如果置身于集体的关系之外，就会变成怠惰的、保守的、与生活发展相敌对的人。

时代需要领军人物，更需要一个伟大的团队。哪怕一个人的智慧再怎么高、能力再怎么强，面对瞬息万变的市场和不断更新的知识，也不可能做到面面俱到。因此，团队合作的意义在以企业为竞争主体的市场经济下表现得更加充分具体。

一个人总会有自己的不足和缺点，想要实现大的成就，实现个人价值的最大化，只有融入团队。团队的荣誉与每个人息息相关，我们与团队是荣辱与共、生死相依的。正如篮球运动员迈克尔·乔丹曾经说过的那样："一个伟大的球星产生于一个优秀的球队，而一个优秀的球队，也是造就伟大球星的摇篮。"

尽管大多数的人都懂得团队协作能带来好处，但是成员之间的协作并不是一帆风顺的。我们知道在一条自动化生产线上的机器人能够顺利地完成任务是因为其程序经过了人们精确的设计，不会出现一些特别的问题。而人类是有思想的，并且每个人的想法又不尽相同，不可能事事都按照自己的希望发展。这也决定了人类的团队协作存在着一定的风险和挑战，所以我们要积极地培养自己的团队协作精神，这样才能更好地融入团队，进而取得进步。

对于员工之间的矛盾，在他们相互协作的阶段中，一旦暴露出来，就要尽早解决，不然的话，就会使得合作很被动。在一个团队中，每个人都必须调整好自己，让整个团队处于高效运转状态。如果没有团队成员的支持与帮助，哪怕计划再周密，也会很难圆满实现。

比尔·盖茨说："在社会上做事情，如果只是单枪匹马地战斗，不靠集体或团队的力量，是不可能获得真正的成功的。这毕竟是一个竞争的时代，如果我们懂得运用大家的能力和知识的汇合来面对每一项工作，我们将无往而不胜。"

一个企业需要依靠团队才能立足。尽管每个员工的性格不同、才能不同、职位不同，但是要确定共同的奋斗目标，发挥各自的才能，充分团结协作，就能促进企业长远发展。那么，如何提高自身的团队合作精神呢？下面有一些建议或许会对你有所帮助。

1. 主动与同事交流

成功始于交流，交流的同时也是合作的开始。在公司，你应该主动和同事交流，学习同事身上的优点，向同事请教不懂的问题，这样不仅可以拉近彼此的距离，还能从对方身上学到很多经验。

2. 学会关注整体

作为团队的一员，当需要做一件事时，你要问的应该是"这对团队有什么好处？"而不该是"这对我个人有什么好处？"个人利益与团队利益密切相关，当团队获得成功的时候，就是你成功的时刻。

3. 肯定个人贡献

如果团队取得了好成绩，理所当然就要肯定、赞扬每一位员工的贡献。因为，只有大家共同参与、相互信任、坦率沟通，才能有效地解决问题。

4. 坦然接受批评

　　每个人都会犯错，但关键是要坦然接受别人的批评，好好反省审视自己，然后改正，不断完善自己。

　　5. 支持团队决定

　　坚定不移地支持团队的决定，是每个成员的责任和义务，成员应全心全意地配合团队行动。

　　有句古话说"千人同心，则得千人之力；万人异心，则无一人之用"。意思是说，如果一千个人同心同德，团结起来，就可以发挥一千人的力量。但是，哪怕有一万个人，但是不齐心协力，只会离心离德，这样的结果连一个人的力量也是比不上了。这就是团队的力量，也是我们需要的团队精神！

要懂得肯定你的团队

成功的团队成就每一个人！要懂得肯定自己的团队，尽最大的努力去配合团队，为梦想创造无限可能！

有着超强凝聚的团队必然是一个好团队。如果成员对团队有强烈归属感，那么凝聚力自然会增强。因为，只有团队中的每一个人认可这个团队，充分肯定这个团队，才愿意最大限度地贡献自己的才能，使自己的团队更加优秀。当成员对团队表现出这种态度的时候，这个团队就是一个战无不胜、攻无不克的强大组织。

作为公司团队的一员，不管我们是否真的喜欢这个团队，既然选择了它，便要拿出百分之百的真诚来对待。肯定团队，这绝不是由外力施加于自己的，这是实现人生价值的一种需要。

有一个由四个人组成的探险队，他们深入到一个原始森林去探险。其中有一个人名叫田阳，是一个很高傲的人，一路上他都无视别的队员的存在，他还经常责备其他队员，不是觉得这个队员不好就是觉得那个队员不对的，弄得大家都很恼火。最后自认为很了不起而离开了团队，打算自己一个人走出去。尽管大家都不是很喜欢他，但是考虑到独自一人在此行走很不安全，大家还是一致挽留他。可是他不听，自己带着东西离开了。

田阳离开了队伍之后，心情很不错，觉得自由多了。后来渐渐的天黑了，他支起了帐篷打算先睡觉，等休息好了第二天再接着赶路。谁知道，当他把一切都准备好了正要休息的时候，忽然听见附近传来了狼的叫声，他很害怕，毕竟现在只有自己一个人，即使只有一匹狼自己也未必抵抗得了呀。现在他有些后悔了，后悔当初不该离开队伍，此时此刻他才知道原来自己是错误的，有些时候有些事情不是光靠自己就可以完成的，是需要团队力量的，可是现在一切都晚了。

不一会儿的工夫，真的来了一群狼，田阳就拼命大声叫嚷，可是仍无济于事。紧要关头他的队友们赶了过来，大家都拿着通红的火把，手里还拿着工具，齐心协力赶走了狼群。田阳很不好意思地和大家道了歉，又重新回到了队伍里面，再也没提过要离开。

团队就像一条大船，你是其中一员，它承载着你许多的梦想和期望。当你登上了团队这条船，你的命运就与其紧紧相连，船就是你的依托，你要肯定它，认同它，重视它，千万不能以轻视的态度对待你的团队。认同自己的团队，做到和其同心同德，共进退，共患难，最后团队的成功也是个人的成功。

作为一个员工，首先要有责任心、上进心，还要有对企业的价值认同，要有和企业一同拼搏的决心，这样，你才会在企业中尽可能发挥自己的优势，为自己赢得赞誉。

让小我服从大我

没有个人主义，只有完美团队。

让小我服从大我，也就是说，一个员工在工作的时候既要有奉献的精神，也要有服从的精神，无论你身负何职，都要有小我服从大我的精神。

这里所说的小我就是团队中的个人，而大我就是整个团队，或者就是公司。让小我服从大我就意味着，在个人和公司的利益发生冲突的时候，要能以长远的眼光看问题，先牺牲一下个人的利益来成全公司的利益，这样，你反而有可能收获更多。

杨敏是一家销售公司很出色的业务员，最近她升职了，原因就是她的小我服从大我的精神使她得到了领导的认可。

杨敏这几天刚刚做完一个手术，身子还很虚弱，但她是一个事业心很强的女孩，虽然生病还是坚持着来上班了。

这段时间公司的业绩不是很好，老板也开始为此事而烦心，正在这个时候，有个大客户要和公司合作，但前提条件是公司要派两个业务员，带着公司的产品及说明书去谈判。如果签了这个合同，公司就能赚到一笔大钱。这个时候，老板第一个想到的就是杨敏，因为她的谈判能力及业务水平在公司里是无人可以替代的。可是老板也知道杨敏刚刚做完手术，现在正是需要好好休养的时候，她现在的身体状况并不适合去外地，老板一想到这里就觉得很苦恼。

杨敏是一个很机敏的人，她看出了老板的困惑，于是就主动找到了老板，对他说："老板，我知道您是有顾虑的，怕长途出差对我身体不好，但是今天我过来就是想跟您要这次出差的机会的。我知道咱们公司最近面临着一些困境，如果咱们能拿下这个单子，对公司的发展是有很大好处的，所以，您不用顾虑那么多。我的身体也好多了，已经没什么问题，完全可以出差，您就放心地把这个单子交给我吧，我一定会尽全力把这个单子拿下来的。"老板看着她赞赏地笑了。

杨敏忍着身体上的不适，踏上了出差的旅途。由于她出色的业务水平，这次谈判很成功。对方当场就和杨敏签了单，事后还给杨敏的老板打了电话，把杨敏夸奖了一番。回来之后，老板不仅仅请杨敏吃了饭，还给她升了职，加了薪。

通过杨敏的案例可以得到这样的结论：在职场中打拼，你需要有奉献精神，要懂得以牺牲小我的利益来换取大我的利益，你才可以有更好的发展。

现在是竞争的时代，也是合作的时代，如果在职场中，你不注重团队的合作，只在乎自己的得失，早晚会被公司淘汰。

一个员工只有有了团队的概念，才能顺利地进行团队合作，职场不是逞个人英雄主义的场所，如果你总是孤军奋战的话，那么，最后你就会被所有团队成员所抛弃。

一个员工的团队概念是他刚踏入公司就应该具备的。如果你都已经成为一家公司的员工，但是在你的心中还是没有团队合作这个概念，那么，你就不可能融入你的团队中，也就是说，在你的眼里根本就没有你的同事、你的老板以及公司。这样下去，你就不会对工作负责任，一旦你疏忽了工作，就疏忽了自我发展的前程，到那时，你失去的不仅仅是老板对你的信任，还失去了大好的发展机会。

季红是一个从海外归来的博士，工作能力很强。也正是如此，她对很多事情都不重视，眼里只有自己。

季红从海外回国之后，来到了一个研究所工作。虽然她是刚刚入职这家研究所的，但是和所里其他人比起来她的条件更好一些。因此她就有了居高临下的感觉，别说是心里了，就连眼里也没有团队这个概念，做事情的时候经常是我行我素的，也不管别人什么感受。上司交给她和别人一起完成的任务，她总是会独自去完成，从来不和同事沟通，她总是觉得自己的水平是可以独立解决这个问题的，根本就不需要他人的帮助。时间长了，没有人愿意和她合作。上司碍于她的工作能力也没多说什么，再分配任务的时候尽量把她自己安排在一组。时间久了，她就更加孤芳自赏了，有的时候都不把上司放在眼里，自己想做什么就做什么，好像她压根不是这个团队的成员一样。就这样过去了一年，她越来越孤立了，从来不和所里其他人来往。后来，在一次实验的时候，她由于个人意识太强，不注重团队合作，使得实验失败了。这给公司造成了很大的损失，这样一来，老板就不得不把她给辞退了。

其实上述案例中的实验之前也有人做过，而且很成功，但那个实验就是需要合作才能完成的，结果季红一个人把实验搞砸了，也搞砸了自己的工作。

在团队中，要做到让小我服从大我，把团队的利益放在首位。作为一个企业的员工，并想要在职场中得到长远的发展，你就要心中有团队这个概念，抛开个人主义，只有这样，你才能更好地融入团队中，才能更加负责和敬业地去工作，才能在平凡的工作岗位上取得骄人的成绩。

将企业的利益放在首位

要永远把公司的利益放在第一位，在工作中绝对容不得半点得过且过和偷奸耍滑的行为。

一个把自己当成企业主人的员工，不仅仅在工作中以自己的工作岗位为重点，以自己从事的工作为重心，还懂得如何协调工作，顾全大局，一切以企业利益为重。企业是一个整体，是一个完整的系统，有了所有人员的分工协作才能正常运营。如果你只注重个人功利，就会影响整个系统的正常运转，给企业带来不必要的损失。因此，认真做好自己的本职工作很重要，但是在这个前提下还应协调工作，懂得与其他环节的同事相互配合。

这是个重视团队合作、互惠共赢的时代，个人英雄主义的时代已经成为过去。好员工会站在企业发展的角度，重视全局，并积极主动地融入团队中。一个人的力量是有限的，团队的力量才是强大的。在工作中善于协调工作，会为自己在团队赢得良好声誉，缔造和谐人际关系，不仅能推动自己的工作进程，还能把工作做得更出色。

在日常工作中，我们要处理的事务是很琐碎，有时协调一项工作，就需要对整体进行清晰的了解，才能统筹安排我们要做的事情。如果我们只简单地为做好自己的工作，而单纯地处理工作，有可能会让整个工作环节错乱，给企业带来不必要的损失和麻烦。

只有一切以企业利益为重，把统观全局置于做事之前，才能做好协调工作，保障工作顺利进行。只关注一个面或一个点的做法，只会让我们误入歧途，甚至耽误大事。每一位员工，每一个部门，都是以企业利益为中心，连接成一个井然有序的整体。只有凝聚整个团队的力量才能实现企业利益的最大化，为企业发展奠定坚实的基础。

一个会协调工作，懂得统观全局的员工，无论是工作能力，还是工作效率一定是比较可观的，这样的员工一切会以企业利益为重，并可以为企业创造更多价值，是企业发展不可或缺的人才。

张恬比黄燕先进入公司两年，并且有很强的工作能力，平时的工作成绩也不错。但是，在公司上个月的部门主管竞选中她落选了，当选的是同事黄燕，并且票数比她高出十几票，这令她不仅不服气，而且非常恼怒。

张恬的个性十分要强，如何也咽不下这口气。终于有一天，她以黄燕安排工作不合理为由，冲进经理办公室找经理理论。经理心平气和地听她讲完后，笑着对她说："小张啊，我知道你有想法，今天你来找我，这很好啊。今天我就把事情摆在桌面上说清楚，你自己来权衡吧。"

张恬不解地看着经理，没好气地说："您说吧，最好说清楚黄燕到底比我强在哪里。"

经理让张恬坐下来，说："小张，你和小黄从事的工作差不多。但是小黄总是能比你想得周到，每件工作都做笔记，并且安排得很妥当，从来不误工。还有啊，小黄懂得与上下级、同事之间协调工作，她处理的事务总能起到承上启下的作用。更可贵的是，小黄能顾全大局，不以个人得失为重，处处把企业利益放在第一位，视企业如家啊。"末了，经理拍了下张恬的肩，和蔼地说："小张，你再好好比较一下自己与小黄。回去，好好反思一下好吗？"

张恬略一思量，不由得在心里叹了一口气，心里也清楚了自己与黄燕的差距。她惭愧地低声说："经理，给我三天假吧，我想好好调整一下自己。"

经理立即同意了，他看着张恬说："小张，公司的机会很多，是要靠你自己去争取的。"

张恬回答道："经理，我明白了，我会努力的。"说完轻快地走出经理办公室。

作为一名好员工，仅仅有工作能力是不够的，还应该具备优秀的品质、良好的工作习惯和处事方式等，这样才能在职场竞争中胜出。张恬工作能力强，但个性上比较强势。这样的人往往缺少协调工作的能力，在工作中难观全局，过于重视个人表现。结果，不仅会阻碍自己的职业发展，还会在工作中忽略企业利益，得不到其他同事的赞同。

我们再说黄燕吧，虽然她的工作能力不如张恬，但并不代表着工作成绩也不如她。从经理的讲述中，我们可以看出她是一个会协调工作、统观全局的人。在工作中极其重视企业利益，工作成绩自然也被大家所认可了。这样的员工是能与企业共创未来、能在企业担当大任的。因为她在工作中，会从更广泛的角度来对待问题、处理问题，会把自己视为企业的主人，处处以企业利益为重，以企业兴旺发达为己任。所以，她能得到大家的拥护成为部门主管。

在新时代经济发展背景下，企业更重视有主人翁精神、会协调工作、一切以企业利益为重的员工。那么，我们如何成为会协调工作的好员工呢？

1. 培养全局观念，坚持顾全大局原则

在实际工作中，要培养全局观念，达到顾全大局的要求，首先，你要调整心态，在工作中处处把企业利益置于个人利益的前面，做到胸有全局。对所有的事情有一个清楚的了解，让协调工作有根有据，否则，只能是无的放矢，把工作做砸。其次，要以中心工作为重。特别在执行领导指示的时候，要明确领导的目标，领会领导意图，尽全力协调好各部门关系。需要制定方案的，要事先制定完整方案，集中力量，统一行动，各司其职，协力完成。再次，在统观全局时，还要关注局部。局部环节出问题，将影响全局。因此，要有一个总的工作目标，把各部门团结在这个目标之下，主动协调，开展业务工作，结果可以事半功倍。

2. 合理安排工作，讲求时效性

协调工作也讲究时效性，过了一定的时间，协调就没有多大意义了。可以说时效原则是协调的"生命"，不讲时效的协调，往往会耽误企业大事，给企业带来损失。因此，合理安排工作，把握时效，协调工作做得合适、及时是关键。

对时间进行合理划分，在什么时间段做什么，重要的事情放在什么时候做合适；决定什么该做、什么不该做；什么应该分开做、什么应该同时做，这样才能做好时间的管理者，在职场上取得成功。

一切以企业利益为重，同时做好协调工作，做企业真正的主人。平时工作，懂得和同事、团队协调，让事情之间的结合更合理、更紧密，那么即使是在最平凡的岗位上，也能发挥出你最大的能量。

第四章

恪尽职守：
管好你自己的敬业度

爱岗敬业就是秉承一种使命感，按照行规和职业标准，要求自己执行工作，把工作做到最好。爱岗敬业是一名好员工的必备品质。敬业精神与企业的发展密切相关，任何一个企业的负责人最看重的一定是员工的敬业精神。

将爱岗敬业的信念贯彻始终

如果你是一滴水,你是否滋润了一寸土地;如果你是一缕阳光,你是否照亮了一分黑暗;如果你是一颗螺丝钉,你是否永远坚守你的岗位。

爱岗敬业是对每一个员工的基本要求,每一个员工只有热爱自己的工作,在岗位上充分展现敬业精神,才能够让自己在岗位上更加优秀。正因如此,在工作中的每时每刻,我们都应该端正自己的工作态度,将爱岗敬业的信念贯彻始终。

章飞是一个毕业于知名大学的年轻人。他才华出众,很自信,志向也很高。但是比较浮躁,受不得半点委屈,遇到一点不顺心的事就一走了之。他认为反正自己很能干,到哪里都能找到饭碗,"此处不留爷,自有留爷处!"就这样,工作三年多了,他换了七八家公司,一家公司多则待七八个月,少则一个月不到就走人。而与他同时毕业的同学中,那些跳槽比较少的大多也已经是骨干员工了,有的已担任部门经理,而章飞却还在不断地被"试用"。

一次,章飞在离职后碰到老同学刘华。刘华的才华不如章飞,在大学里一直是章飞的"小弟",他很佩服章飞。因为自信心不是很强,所以刘华对工作兢兢业业，不敢轻易跳槽。毕业到现在一直在一家公司上班，没有变动过。由于他工作勤恳认真，受到老板的器重，目前已经是公司的部门经理了。

得知刘华主管的部门正在招聘新员工，而且与自己的兴趣对口，章飞带着一颗疲惫的心，舍下面子向老同学提出要到他主管的部门去。原以为刘华会热情欢迎他，谁知刘华竟一口拒绝，理由很简单："我们的庙太小，养不起你这个大方丈。"

在职场中，敬业是人们获取成功的制胜法宝。正如杰克·韦尔奇所说："任何一家想靠竞争取胜的公司都必须设法使每个员工敬业。"敬业的员工是每个企业都喜欢的，因为敬业的员工会使公司不断发展。公司事业蒸蒸日上是每个老板想要的结果，本着这样的愿望，他自然需要一批兢兢业业、埋头苦干、能够为公司创造价值的员工了。如果你是一个敬业的员工，肯定是受老板欢迎的好员工。

好员工会用敬业的精神去回报企业。如果说忠诚是一种良好的道德品质，而敬业则是一种良好的工作态度。敬业就是恪尽职守的意思，敬业的员工不仅热爱自己的工作，敬重自己的岗位，还会引以为豪，力求精益求精地做好工作。员工要有敬业精神是最基本的职业要求，也是忠诚最基础的表现。

只有初中学历的阿红在城里一家饭馆打工。每天阿红起得最早，把所有餐具都洗得干干净净。在接下来一天的工作中，她保证任何时候都不会让洗碗池里面的碗积压，哪怕只有一个。

有一个同事对阿红说："你每天那么辛苦，他们又不给你涨工资，你图什么啊？"阿红非常坚定地说："我的做事准则是，要么不做，要做就做到最好。就拿刷碗来说，既然我做了这件事，就应该把它做好，因为我有这个能力；如果我有能力做，却故意做不好，这样既浪费时间，也对自己没有一点儿好处。"

敬业的员工会自动自发地恪守本分，尽职尽责地完成工作，将工作视如珍宝，绝不会因为职位的高低，工作辛苦与否，而对工作有所懈怠。在职场中，敬业地做好每一件事，忠诚地对待工作和企业，这是员工在企业中立足的根本。

唯有拥有敬业的态度和忠诚的精神，员工才会把工作当成事业，才会把自己的成长和企业的发展融为一体。

很多人对用敬业印证忠诚并没有深切的体会，其实，身为企业里的一名员工，在工作的过程中，只要有了敬业精神，自然会自发地承担一份责任，树立忠诚的信念。因为真正拥有敬业精神的员工，会从内心深处不断地驱动自己，努力工作，认真负责。任何时候，员工只要心怀敬业之心，忠诚之态，就会做好工作，并有所发展。

随风而动的蒲公英，有的选择落地生根，有的选择随风飘扬，去天空寻找自由。它们的道路由自己选择，命运由自己决定。对我们来说也一样。想要做一个什么样的人，拥有什么样的命运，由我们自己决定。对工作，我们可以选择偷奸耍滑，也可以选择恪尽职守，追求完美。那么，选择不同，结果也必然是不同的，前者得到平庸，后者获得卓越。

爱岗敬业，这是身为一名好员工应尽的责任。不管是为了企业的发展还是员工的个人成长，员工都要谨记成功属于敬业的人。

要想做到爱岗敬业，我们首先就要转变自己的思想。很多人秉承着所谓"良禽择木而栖"的理念，在工作中总是希望找到能够给自己带来更多好处的岗位。有些人一旦在工作上遇到困难或挫折，便很难再忠于自己的职责，甚至对工作产生厌恶。选择最能发挥自己价值的工作岗位本没有错，然而必须注意的是我们选择的标准究竟是什么，是工作本身，还是工作所带来的金钱、地位？

职场就像一个大染缸，在不同的岗位上工作我们就会被打上不同的烙印。然而无论什么样的工作，只有投入对它的热爱，做到爱岗敬业，才能让自己在岗位上散发出耀眼的光辉。其实工作本身并不能决定一个人的成就，决定成就的归根结底还是自己。

除了要转变思想外，我们还需要在工作中更"职业"。所谓让自己更"职业"，就是要求自身在工作中的每一个环节都更职业化。一般来说职业化要从三个方面着手——职业化理念、职业化技能、职业化形象。有些员工在工作中虽然也能投入极大的热情，也希望向所有人展现自己的敬业精神，却因为工作过程缺乏职业化，最终的结果也事与愿违。对于敬业最好的诠释就是让自己更"职业"，不断建立正确的职业化理念，培养全面的职业化技能，树立良好的职业化形象。

对于任何一名员工来说，工作都应该是可爱的、神圣的、高尚的，我们需要去尊敬它，让它成为我们的信仰。当你选择了一个企业，就应该怀着一颗敬业的心，踏踏实实地做好自己的工作。

热爱工作是敬业的前提

　　每个热爱生活的人都懂得热爱自己的工作，为自己创造了劳动价值而感到自豪！

　　我们都有去饭店吃饭的经历，在某些饭店会看到一些服务员零散地站在餐厅的各个位置。可是当我们期望得到服务的时候，却很少看到他们主动向我们走来，因为他们虽然人站在那里，但心并没有在那里，更没有在顾客这里。

　　纽约有一家知名的牛排店，里面有一位非常敬业的服务员。在非常忙碌的黄金时段，他的视线从来没有离开过顾客，也没有一刻错过顾客的需求。他贴心地为顾客服务，倒酒、上菜的姿势都非常专业，从他的眼神中你可以真实地感受到自己就是最尊贵的客人。其实每一天他都从事着重复又琐碎的工作，但是他却能有责任感地去完成。平时因为他的尽职尽责，还会额外收到顾客提供的小费。他是得到客户称赞最多的员工，也是这个饭店最好的服务员，他用自己的实际行动证明了自己的价值。

　　在今天，不管我们从事什么职业、居于什么职位，一定要有敬业精神，热爱自己的工作。当我们热爱自己的工作的时候，才能充分发挥自己的潜能，才有机会通过努力获得好的业绩，才有机会不断展现自己的价值。

孔子曾经说过，人们在求学的过程中，可能实现三种境界：知之，好之，乐之。"知之"是第一重境界，也就是对知识做到了了解；"好之"则是第二重境界，简单来说就是你不仅了解了这门学问，还愿意继续深造，这也是很难得的。不过，不管是"知之"还是"好之"，显然都没有第三重境界——"乐之"难得。众所周知，求学的路很艰难，但如果你不仅学到了知识，愿意继续学习，还能够乐在其中，这种境界不可谓不高了。

其实，这个道理放在工作中也是一样，一个单纯地认为工作是一项任务的人，肯定不是热爱工作、以工作为乐并且陶醉其中的人。20世纪初期，著名思想家、教育家梁启超先生曾经专门就"敬业"和"乐业"的关系发表过演讲。演讲稿中，令人印象最深的是下面一段话："凡职业都是有趣味的，只要你肯继续做下去，趣味自然会发生。为什么呢？第一，因为凡一件职业，总有许多层累、曲折，倘能身入其中，看它变化、进展的状态，最为亲切有味。第二，因为每一职业之成就，离不了奋斗；一步一步地奋斗前去，从刻苦中将快乐的分量加增。第三，职业性质，常常要和同业的人比较骈进，好像赛球一般，因竞胜而得快感。第四，专心做一职业时，把许多游思、妄想杜绝了，省却无限闲烦闷。"

迈克是麦当劳一家餐厅负责做汉堡的职员，在别人眼里，这种重复性的工作单调无趣，沉闷至极，可是迈克做得特别开心。有些顾客见他总是笑容满面，便会好奇地问上一句："工作如此乏味，你为什么还笑得这样开心？"

迈克笑眯眯地说："我不觉得工作乏味啊。我在做汉堡的时候，一想到顾客吃到可口的汉堡会很开心，我就觉得很开心。所以我要高高兴兴、认认真真地做每一个汉堡，让每一个到店里吃汉堡的顾客都满意、都开心——这样重要的工作，怎么能说它乏味呢？"

提问题的顾客对这样的回答很吃惊，也很佩服迈克的敬业精神。迈克在店里工作的时间越来越久，知道他的人也越来越多，很多人甚至会特意到这家餐厅消费，因为那个"快乐地做汉堡的人"脸上的笑容实在迷人。很快，迈克就得到了麦当劳总公司的提升。

这个案例提示大家在工作的时候拿出敬业精神，乐在其中，热爱工作，这样可以提升自己的幸福感。

一个人如果无法喜欢自己的工作，那他就是在做自己不喜欢的事，这当然是在受苦。迈克为什么快乐？因为他不仅认真，而且热爱这份工作。

"乐业"是一个从业者最高的境界，而一个人如果连敬业都做不到，是绝对不可能达到这个境界的。一般情况下，不敬业的人都是为工作所累的人，他们内心里不愿意工作、对工作反感，为了生计，迫于无奈，又不得不工作。在这种心情的支配下，如何能收获快乐，又如何能到达成功的彼岸呢？

因此，我们要证明自己的价值，就必须做到热爱工作、全力以赴，同时又谦卑奋进。只有这样，我们才能更好地成长，老板也才会愿意提拔你，放心地把重要的位置交给你。从这个角度来讲，敬业也是对自己的前途负责。

工作不仅仅是为了赚钱

选择一份工作去努力，并不是为了财富，而是实现人生在世真正的价值。

一个产品如果仅仅被当成一件商品，那么它永远不可能成为一件独具匠心的艺术品；一个人如果只把自己的工作当成赚钱的工具，那么他可能只是一个被工作奴役着的人。

不可否认，金钱对于每个人的生活是如此重要。然而如果因此就把"金钱至上"的理念牢铸于心中，那么势必会掉入名利编织的陷阱，永远都只能是一个平庸者，与获得丰厚的回报渐行渐远，更不要说在自己的工作领域里成为一名优秀员工。这也许是金钱跟每个盲目追逐它的人开的最大的玩笑。

如果工作只是为了赚钱，功利心就会始终贯穿于工作的每一个过程中，也使得工作带有过强的目的性。若发现自己的努力无法获得预期的结果，立刻就会失去所有的动力，进而在后面的工作中出现更多的懈怠，完全无法在工作中实现自我超越，甚至出现倒退。一旦进入这样的"死循环"，任何人都很难再在工作中投入努力，更不要说精益求精地去完成工作了。一个人只有把自己的工作当作事业和理想，才能够有机会通过不断的努力与自我提升来主动驾驭工作，克服工作中的一个又一个困难，积极迎接各种挑战，从而不断实现自我超越和自我进步，让心中不断成长的优秀员工精神来激发自己的斗志。

在伦敦的萨维尔街上有一家全球有名的定制西服的百年老店——韦尔什＆杰弗里斯。它经久不衰的秘诀就是追求极致、精益求精、力求完美。

这家百年老店有 15 个裁缝，制作的每一套西装都十分精细。从量身、选布料、制版、试身和裁剪缝制等各个环节，都精心处理。他们提供的西装纽扣是免费的，但绝不会因为免费就给客人提供"便宜货"，相反西装的纽扣非常考究，往往选用贝母扣、牛角扣等。他们还会请客人多次试穿，一次又一次地微调，保证客人穿着合身。

在店铺的合伙人全英梅看来，除了要有精湛的手艺，更要有一颗热爱工作而非爱金钱的心。上门量身是该店的特色。已经在这个行业待了十多年的全英梅，每年都往世界各地飞，为客人量体裁衣，而且是自掏腰包。她说："不少人受不了枯燥而收入不高的裁缝工作，最终选择放弃，但自己坚持了下来。"

2011 年，全英梅获得堪称裁缝界奥斯卡奖的"金剪刀奖"。

当一个人迈过了名利这道"坎"，他也就成功走上了通往优秀员工的道路。不把工作当作赚钱的工具，这也是一种伟大的精神，想将这种精神付诸行动并不是一件容易的事情。

每一个敬业的员工，都必须认清工作的本质，工作不仅仅是为了赚钱，更是为了提升自己的能力。而金钱，不过是实现美好人生的一件工具。我们应该做的是通过在工作中投入爱岗敬业的精神来获得相应的回报，进而让这件"工具"来帮助我们创造美好的未来。如果错误地把名利当作目的，为了追求名利而完全放弃自己所应坚持的正确理念和价值观，那么我们永远也无法真正得到自己想要的，因为它原本就不是生活的目的。

好员工要在心中认定、坚持敬业精神，笃定保持优秀员工的精神能够给我们带来的快乐远比名利更多。这绝不是所谓的"阿Q精神"，证明这一结论其实并不难。每个人每天至少有八小时要投入到工作中，占据了生活的三分之一。

如果能够以高度的敬业精神投入到工作中，那这八小时一定是快乐的、充实的。如果仅仅是为了赚钱，那在工作时间里一定苦不堪言。每个人都该问问自己，一心只为赚钱而工作，真的快乐吗？恐怕带来更多的是痛苦与折磨。

　　在现如今这个物欲横流的时代，我们需要改变自己工作的观念，把更多的心思花在提升自我的能力上，相信不久的将来将会是一片美不胜收的新景象。

善始善终是工作的好习惯

"不耻最后。"即使慢，驰而不息，纵令落后，纵令失败，但一定可以达到他所向往的目标。

做事善始善终是一种好的工作习惯。只有善始善终者，才能肩负重任，才能成为合格的执行者。"办事虎头蛇尾、有始无终，到头来白费一番功夫。"这句老话时常给人以警示。许多人开始做事时信心满满，甚至不惜力、不惜时，遇到小问题时，能虚心请教别人，但遇到大的难题或受到诱惑时，就会产生退缩心理，不能善始善终。

高亮是一名企业高管，从初入职场到成为高管，他只用了几年时间。高亮能力很强，刚进公司就顺利地进入市场部从事海外市场的开发工作。那时，外贸生意不好做，许多外贸单最后因种种原因成交不了而赔了钱。高亮做的很多业务都是从他人手里接下来的，当时很多业务员因不堪压力辞了职，半路接手的高亮只能"摸着石头过河"，困难程度可想而知。

虽然工作局面难以打开，但高亮凭借自己的毅力，使业务逐渐上了轨道。但不幸的是，正好赶上了"金融风暴"，公司进出口生意大幅度缩水。

公司许多业务员都在抱怨，但高亮却想："只有把事情做好，才对得起自己的工作。"他天天追踪自己的客户。他认为有始无终是一种不敬业的行为，而善始善终才是做人做事的标准。

正是凭着一股不服输的劲头、善始善终的工作习惯，在经历了大风大浪后，高亮将业务正常开展了起来。不久，高亮被领导提拔为公司高管。

与其说善始善终是一种敬业的工作行为，不如说善始善终是为了成就自己，"好的开始是成功的一半"，能善始善终，才能不留遗憾。

大学毕业后，小张、小李、小孙选择了同一家公司面试。幸运的是，当时这家公司刚刚成立，他们三人全部留了下来。小张被分配到市场部，小李去了商务部，小孙去了人力资源部，三人的实习期都是半年。由于公司的资金链存在一点问题，所以，他们的薪金待遇并不高。

刚开始三个年轻人一心扑在工作上，不太在乎工资待遇的多少。然而，经过一段时间，三个人的心态悄然发生了变化。小张觉得自己的付出与收获不成比例，天天累死累活，有时还自己搭钱，虽然不多，但工资太少，自己养活自己还很困难呢；小李觉得工作繁杂，经常到下班时间还下不了班，他想再坚持一段时间看看；小孙的工作虽然也很琐碎，但他认为哪儿都能让人发展，与其重新找工作，不如把现在的工作做好。

三个人顺利度过了实习期。不久，一个更好的机会开始向小张招手，他终于坚持不住，最后选择离开了公司；小李则采取得过且过的心态继续留在该公司工作；只有小孙干得不错，人际关系处理得也好，公司的任务他都能善始善终。

又过了一年，小张连续换了三次工作，他总是在"实习期"的泥潭里挣扎；小李的业绩不突出，被公司炒了鱿鱼；而小孙成了三个人里最踏实、也最成功的一个。因为他的努力，不论公司经历了多少困难，他的心始终与公司在一起，还当上了人力资源部的副部长。

后来，三个人在一次聚会中相遇了。小张说："换来换去，我到现在还没有一份稳定的工作……我挺羡慕小孙的，因为他能坚持，我就缺少这种意志力。"
小李也十分羡慕小孙，感慨地说："其实善始善终并不难，坏就坏在自己总在为
自己的'缺点'找理由。"

　　《左传》有言："慎始而敬终，终以不困。"即指做事就要有始有终，不要因
困难而选择逃避，不要因麻烦而选择放弃，因为成功始终留给那些能够坚持到
最后的人。

自觉遵守公司的规章制度

天下之事，不难于立法，而难于法之必行；不难于听言，而难于言之必效。

无规矩不成方圆，职场上的规矩非常重要，它是维护整个公司得以正常运行的重要保证。在规矩面前，人人平等。规矩就如同小范围内的法律一样，约束着生活在这个范围内的所有人。

规则是用来保证良好的工作秩序的，如果每个人都轻视规则，那么，公司就无法正常运转下去。所以，许多企业管理者都遵循着一条著名的"热炉法则"：组织中任何人触犯规章制度都要受到处罚。

职场如同战场，所以，公司当然需要"军法"。如果"军法"不能对每个人都公平的话，那么，非但起不到什么作用，反而会带来糟糕的负面影响。

比如说，一家公司制定上下班需要打卡的制度。那么，打卡制度就应该对每个人适用，包括公司高层。如果打卡制度只是针对下层员工，那么，就会挫伤员工的积极性。这种做法很容易引起员工的反感，有了这样的想法，员工又怎么可能有积极的工作态度呢？

更可怕的是，这种打破秩序的"特权"还会给员工造成不良的示范，有的人会想："你可以天天迟到，那我为什么不可以呢？"如此一来，公司的制度就会形同虚设。不过，不讲"特权"是从领导的角度来说的。对于每个职场人来说，规章制度同样重要，因为这是保证我们做好工作的前提。试想，如果一个人连公司最基本的规章制度都不能遵守的话，那么，他又怎能将工作做到最好呢？

余江和周志伟是大学时的同班同学，两人学的都是市场营销专业。大学毕业后，余江回老家的一家事业单位上班，而周志伟则一直留在北京打拼。

2016年的时候，周志伟在北京开办了一家旅游公司，公司最初的规模并不大，但在周志伟的努力经营下，公司业绩蒸蒸日上。一次同学聚会时，余江和周志伟聊到了一起。在得知周志伟已经成为一家旅游公司的老板时，余江表现出了极大的羡慕。这也难怪，在小地方待得太久了，余江非常憋屈，他希望能够有机会再拼一把，所以，余江就问周志伟能不能帮一帮自己。

尽管周志伟对同学来自己公司上班这件事感觉不舒服，但碍于情面，他还是答应了余江的请求。作为老板兼同学，周志伟也是够义气的，他不但给了余江充足的学习时间，在余江有了经验之后，他还直接将余江安排到了海外旅游市场主管的职位上，并且给他开出了20多万的年薪。这可比余江之前的工资要高好几倍。余江起初也十分感谢周志伟的栽培，在工作上也十分卖力。但有一次，余江却犯了一个致命的错误。

周志伟对公司客户的信息历来要求严格保密，不经请示，任何人不得散播客户信息。为此，周志伟还将这一点写进了公司的规章制度当中。而余江触到的恰恰就是这个雷。有一次，余江的一位客户在去南极旅游回国的途中，对余江提出了这样一个请求："老余，我是做高档红酒生意的，我知道你们旅游公司的很多客户都是有钱人，我想跟你们合作。"

余江说："合作？怎么合作？"

"是这样的，你把客户信息给我，我去做生意，如果成了，盈利30%给你们。"

面对这样的好事儿，余江心动了。他回国之后也没有跟周志伟商量，就将自己手上的一些高端客户的信息发给了对方。

过了几天，余江这才发现自己摊上事儿了。原来，那位所谓的卖高档红酒的游客谎报了自己的信息，他其实也是做高端旅游市场的，而他做的路线是周志伟公司正在准备开发的旅游线路，结果，余江将客户信息泄露了，他一下就抢占了先机，给周志伟的公司造成了巨大的损失。

当周志伟得知是余江擅自将客户信息外泄之后，更是怒不可遏。周志伟当着公司所有员工的面冲余江吼道："公司里容不下你这种人。你好自为之吧。"

话说到这个份儿上，余江也明白自己的"胡作非为"终究是惹恼了这位老朋友了。在职场打拼，工作和友情始终不能混为一谈。就算周志伟是自己的同学，可工作毕竟是工作，身为一家公司的最高决策人，周志伟必须要为公司的正常运转负责。如果一名员工不能自觉遵守公司的规章制度，那就说明他无法认同公司的管理模式，这往往也就代表着他在公司找不到应有的归属感，试问，这样的员工又怎会对自己的工作负责呢？

我们应该从上述案例中得到警醒，不管你是初入职场的菜鸟，还是经验丰富的职场老将，只要你选择成为一家公司的员工，就必须遵守公司的规章制度，如果犯了错，哪怕是老板的朋友，也没人能救得了你。

在这里不得不提的是，现在有一些年轻人对公司的规章制度没有正确的认识。他们经常在违反公司的规章制度后，频繁地使用"对不起，我不是故意的！"或是"我并不知道公司不允许这样做。"替自己辩护。公司领导念在他们是初犯，也许会原谅他们一次，可即便如此，他们还是会给领导和同事留下一个不好的印象。

如果他们总是一而再再而三地违反规章制度，迟早有一天，他们会被公司炒鱿鱼。打个比方，上班迟到是职场常见之事，许多职场新人因为还停留在大学上课迟到却不受惩罚的美好设想中，以为平时上班迟到并不是什么要命的大事。殊不知，三番五次下来，公司领导却将其屡次迟到的原因归结于"没有时间观念，不尊重工作"，一旦这顶"大帽子"扣在头上，任凭我们的工作能力再怎么优秀，我们也不会得到重用。

因此，想要把工作做好，我们就应该严格遵守公司的规章制度。从现在开始，改变自己的散漫作风，养成遵守公司纪律的职业习惯。好的职业习惯就像一座灯塔，它能帮助我们在未来的职业生涯中行走在正确的航道上。或许一开始，我们会有被束缚的感觉，但是一旦我们养成了良好的习惯，我们就会终身受益。

第五章

自动自觉：
选你所爱，爱你所选

一个员工的工作态度决定着他的工作绩效，而积极的态度是最有效的工作方式。工作能力强固然能出业绩，但是光有能力，而缺乏积极工作的态度，也将会一事无成。想要创造出好的工作业绩，就要积极对待工作，对工作要有火一样的热情！

把工作当作修行，发现工作中的快乐

想要从工作中得到快乐，方法有很多，关键在于选择，工作与快乐是相辅相成的关系，你选择了快乐工作，那么快乐也就选择了你。

工作到底是快乐的还是痛苦的？对这个问题的看法见仁见智。

很多人可能会说，工作就是日复一日、年复一年地劳动，相当枯燥乏味，怎么会快乐呢？那么，不妨看看那些生活清贫的和尚，他们天天吃斋、念佛、打坐扫地，对于一般人来说，这样的生活当然很枯燥，但是和尚们却过得悠然自得。因为他们享受着在修行过程中自我净化、自我提升的乐趣。如果我们无法快乐地工作，与其从工作中找原因，不妨试着审视自己对工作的看法与态度，你或许就能发现其中的原委了。

多年前，有位女孩来到日本东京当酒店服务员。充满信心的她决定在这里大干一场。可是，上司竟然让她去洗厕所！这可是她的第一份工作啊。

说实话，没有人愿意干这样的活，尤其对一个爱干净的女孩来说。洗厕所在视觉、嗅觉以及体力上都使她难以接受，而且上司还给了她一个标准：光洁如新。她始终说服不了自己，但也不甘心就这样败下阵来。

这时，同公司的一位前辈帮她克服了这个心理障碍。前辈并没有对这位女孩讲什么大道理，而是用亲身示范帮女孩认清了重要的一点——任何一份工作其实都是一种提升自己的修行。

前辈拿着抹布，一遍又一遍地擦洗着厕所，直到光洁如新。然后，她被前辈的一个动作惊着了。前辈居然从马桶里盛了一杯水，然后一饮而尽，眉头都没有皱一下。女孩激动不已，热泪盈眶，并恍然大悟，洗厕所何尝不是一种修行？而在这一过程中自己何尝不能获得历练，成为一个优秀的人！

这件事过后，她一直抱着这样的心态工作，把工作当成一种修行，在修行中寻找快乐。为了检验自己的劳动成果，强化自己的敬业心，她曾喝过自己擦洗过后的马桶里装的水。她的名字叫野田圣子，现如今已经是日本政府的主要官员了。

试问自己，如果有一份洗厕所的工作摆在面前，我们能否欣然接受，将它当作一场修行来锻炼自己。不是每个人在职业生涯里都经历过如此"极端"的历练，但是我们都应该明白一个道理：不管什么样的工作其实都是一个自身修行的过程，重要的不是工作本身代表着什么，而是我们能否在工作中不断自我提升，修成正果。

修行就是转念。在工作之前，要思考自己是为了什么工作，应该怎样工作。工作完成的时候也要审察一下是否有不满意的地方。

在工作的过程中，自己有多大的实力就尽多大的力量。把心胸打开，不去看别人怎么做，不要刻意计较工作中的得失。快乐不在于拥有得多，而在于计较得少。把关注点放在如何做好工作，而非工作给自己带来的得与失时，工作就逐渐成为一种真正的修行，我们也能不断实现自我完善、自我提升。

当我们渐渐学会在工作中修行，不再以愉悦或舒服与否来衡量工作的价值，便会发现工作中坎坷与艰辛的价值，体会到某个糟糕的感觉未必是坏事，就比如工作带给我们劳累与枯燥的同时，也带来了提升与成就。

　　如果工作在一个人心中只是谋生的工具，那么实现快乐工作确实难上加难。只有把工作当作是一种修行，当作是一个不断完善自己的过程，更多关注工作过程中的收获，就会发现原来工作也是件快乐的事情。

变"要我做"为"我要做"，让工作事半功倍

你要追求工作，别让工作追求你。

在工作上积极主动，不仅是工作成功的关键秘诀，也会让你的工作事半功倍。美国作家阿尔伯特·哈伯德曾说："世界会给你以厚报，既有金钱也有荣誉，只要你具备这样一种品质，那就是主动。"所以，我们要想在职场有所成就，就要先从做一名积极主动的员工开始。

是否积极主动在职场上非常重要。有了积极主动性，随之而来的就是你的主观能动性、开拓性、创造性，工作起来便会事半功倍。相反，缺乏积极主动性，工作没有动力，应付了事。时间久了，思想上就会变得消极散漫。

那么，怎么看待工作的积极主动呢？其实很简单，当我们面对工作时，你要先从思想上认可它，那么，你便会积极主动地去接受，并为之付出，甚至不计个人得失。

奥里斯因为没有大学文凭，找工作时费了不少周折。后来，在一位朋友的介绍下，他当了一名送报员。

送报的工作不但薪水很低，而且十分辛苦。很多人都坚持不了几个月。但

奥里斯却十分珍惜这份工作，下决心一定要好好干。他深信，只要自己在工作上积极主动，不管做什么工作，都会有发展的机会。

这份工作要求工作人员必须对这里非常熟悉，而奥里斯是初来此地。为了能胜任这份工作，奥里斯在做完每天的工作后就会去熟悉这里的各个街道和地名，最后对这里的街道也轻车熟路了。每天跑来跑去虽然很辛苦，但是奥里斯在探索街道的过程中，对这片区域和生活的人们有了新的发现。他不但没有感到厌烦，反而产生了兴趣，工作更加积极了。除了做好自己的本职工作外，他还会尽力做一些力所能及的事，也会帮同事、老板做一些小事。

这天早上，奥里斯来上班，发现有一封紧急电报。他知道这不是他的工作，但是他觉得自己不能就这样不管，于是代收了电报把它发了出去。后来，奥里斯因为此事被老板提拔为电报士，工资升了两倍。

由于奥里斯总是很主动地完成自己的工作，他的工作能力越来越强，公司老板越来越欣赏他。后来，公司成立了新的部门后，老板毫不犹豫地提升奥里斯为部门经理。

几年后，奥里斯因为工作出色而成为公司的副总裁。

在工作中，我们只有让自己做一名积极主动的员工，主动把自己的工作做好，才会让自己像奥里斯一样，从送报员变为公司的总裁。

我们要想有所作为，就要学会主动解决问题。毕竟工作就是要解决问题的，没有问题的工作就不叫工作。而当我们在工作中积极主动地去解决问题时，那最后就一定能做出一番成就来。相反，如果我们总在工作中逃避困难，害怕解决问题，那必然不会做出成绩来。

常言道，世上无难事，只怕有心人。世界上从没有解决不了的问题，只有没有信心解决问题的人。逃避问题只能使我们更加平庸无能。如果我们能勇敢地面对问题，积极主动地去解决问题，那我们就会找出解决问题的新方法，而新方法可能就是创造财富的钥匙。请记住，世界上的成功永远只属于那些擅长解决问题的人。

我们要用热情去面对问题，让困难和恐惧远离我们，只有不错失机会，努力专注地解决问题，我们才能让成功与自己握手。对待工作中出现的问题，我们要努力去解决。时代在变化，问题也在不断变化，解决问题的方法也在不断变化。

王磊是一家宾馆的前台服务员，但是他没有轻视这个职业。王磊工作的宾馆，员工就餐实行自助式，其实就是一个人一个多功能餐盘，自己想盛多少就盛多少。这样实施起来，就会出现一个很难解决的问题：有些人乱打饭乱扔饭，有些人吃不饱。这个现象已经存在很久，但是却没有人主动提出解决的方案。

王磊进入宾馆不久后，也发现了这个问题，他意识到问题的严重性，立刻找到了经理，王磊告诉经理一个方法，让其将餐厅的标语换成：好员工懂得珍惜粮食，优秀员工懂得团结友爱。经理仔细想了想，随即接受了这个建议，将标语贴了出去。没想到，标语贴出去后，食堂就很少出现抢食、乱扔饭的现象了。

王磊在这家宾馆工作期间，积极主动地帮助同事和客人解决着各种问题，大家慢慢都称他为最善于动脑思考的人。后来，王磊因擅长主动解决问题，被提拔为宾馆的总经理。

王磊从一名普通的员工最后成为宾馆的总经理，这并不是一个偶然，也不是一个奇迹，而是他用心工作的结果。

生活中有很多这样的人，他们用自己的经历告诉我们：平凡不代表平庸，普通不代表不能卓越，只要我们愿意改变自己，主动地面对遇到的一切问题，积极地去解决问题，脚踏实地地努力工作，那我们就一定能够成为一个不平凡的人。

在工作中，成功的人总会比普通人付出多倍的汗水，这也是他们能够发现问题，并主动解决问题的关键所在。而反观那些失败者，他们总是消极被动地逃避问题，所以他们才一直跟成功无缘。

对工作积极主动，是源自内心的一种工作激情，它引领我们满怀热忱地去竞争、去努力、去奋斗。我们一旦在工作上采取了积极主动的态度，就会积极地去做工作中的每一件事情，让工作充满乐趣，创造出属于我们自己的辉煌事业。

职场新人，带着你的热忱上路

对工作和生活充满热忱的人一定是积极向上、乐观自信的，这种人具有无限的力量，做事情更容易获得成功。

现在的你有没有感到工作是单调乏味的呢？初入职场的时候，或许你觉得工作就像一片充满希望的绿洲，通过它你可以到达成功的彼岸，可是如今却觉得工作变成了一望无际的沙漠。虽然你依然很努力地向前走着，但是身心却越来越疲惫，对于未来毫无热情可言。

美国文学家爱默生说："一个人，当他全身心地投入到自己的工作之中，并取得成绩时，他将是快乐而放松的。但是，如果情况相反的话，他的生活则平凡无奇，且有可能不得安宁。"你是属于前者，还是属于后者呢？热忱是工作的灵魂，也是你全部动力的源泉。如果你不能从每天的工作中得到快乐，而仅仅是为了生存不得不工作，那么这种只顾完成自己职责、毫无热忱可言的员工，又凭什么得到老板的赏识和重用呢？

一个人的事业能否取得成功，除了看他的个人才能如何，还要看他是否拥有足够的热忱。因为一个人只有对自己的工作充满热忱的时候，他才会把自己的所有时间和精力，都投入到工作中去。这时候他往往具有更多的自发性和创造性，其专注精神也会在工作过程中发挥得淋漓尽致。那些真正对工作充满热忱的人，就算到生命终结的时刻，也不会让自己的热忱减少半分。

美国俄裔戏剧与电影演员、奥斯卡金像奖得主尤·伯连纳，就是一个对工作充满热忱的人。

尤·伯连纳最让人记忆犹新的便是他那光头的造型，而在他的演艺事业中，出演次数最多的一部戏剧就是《国王与我》。《国王与我》从上演那年开始，一直到尤·伯连纳去世为止，长达 53 年之久。根据相关的统计表明，尤·伯连纳在世的时候，一共出演该剧 4625 场之多，也就是说，每五天他就会登上舞台，表演一次。

正是由于尤·伯连纳对自己的演艺事业抱有极大的热忱，所以才会如此专注、如此乐此不疲地上台演出同一部戏剧。同时，在演出的过程中，尤·伯连纳还不断对戏剧进行改进，让《国王与我》的观众从来不会觉得乏味。

所以说，在变幻莫测的现代社会，想要告别平凡的人生，最重要的一点就是培养自己对工作、生活的热忱。正如哈佛大学的奥里森·马登教授所说："一个人不管做什么事情，热忱都是必不可少的品质，因为热忱可以让你全身心地投入，将事情做得更快、更好。这也是每一位成功人士所必须具有的品质。"那么，热忱到底是什么呢？很多年轻人都认为，热忱就是对某件事情充满了热情，是对于自己理想的热衷，或者是慷慨与不计回报地付出。不可否认的是，一个人拥有了热忱，无论他现在从事怎样的工作，无论他的境况如何，他都会把自己正在做的事情当成是世界上最有趣、最崇高的工作。不管这份工作有多么难搞定，或者要求有多么严苛，他都会主动积极、不急不躁地去完成。这就是热忱的力量，也是工作的灵魂所在。

古罗马著名的哲学家马库斯·图留斯·西塞罗曾说过这样一段话："要想知道自己将要成为怎样的人，可以看看酿制酒的工艺。禁不住时间考验，最后变酸发臭的酒一定是劣质的酒；而禁得住时间的考验，随着时间的流逝而愈发芳香醇正的酒一定是好酒。只要保持对生活的热忱，我们在年华老去的时候，心灵却依然能够保持年轻时候的活力，就好比是从墨西哥湾过来的北大西洋暖流滋润了北欧大地一般。"

当一个人对工作充满热忱的时候，这个人做事一定是积极主动的，并且很容易感染身边的人。如此一来，自然能够带动一个部门，乃至于整个公司的发展，使公司上下所有人都能在这种满含正能量的工作氛围中享受工作的乐趣。

IBM 是目前世界上最大的电脑制造商，它的成功不仅在于超强的软硬件实力，更在于公司员工对于工作的热忱。为了让所有的员工始终保持热忱的工作态度，公司专门挑选了一大批技术骨干，专门负责解决公司的售后服务问题，同时也给其他员工做出好的榜样。

IBM 对所有的顾客承诺，只要顾客的电脑出现问题，公司的员工都会在 24 小时之内解决。有一次，一位用户打来长途电话，说自己新买的电脑出现了故障，需要马上解决，公司立刻派出工作人员，乘坐直升机赶到了那位用户家里。在对那位用户表示歉意之后，工作人员以最快的速度为用户排除了故障。这让那位用户感动不已，也使得 IBM 公司的形象再次提升。用户对 IBM 的服务态度感到满意，他们觉得 IBM 不愧是世界计算机销售领域的"龙头老大"，因为它的产品质量有保障，工作人员的热忱更不是一般公司能比的。

有人曾说："一个年轻人身上最让人无法抵御的魅力是什么？就是他的满腔热忱。"作为追求成功的年轻人，你眼里应该看到充满希望的绿洲，而不是一望无际的沙漠，只要勇敢向前闯，哪怕遇到危险也会转危为安。在年轻人的世界里，永远没有"失败"两个字，因为所有的失败都只是暂时没有成功罢了。只要你带着热忱去工作、去学习，这种热忱自然会带给你无限的动力，让你和成功不期而遇。

对于初入社会的年轻人来说，对工作的热忱显得尤为重要。如果你失去了对工作的热忱，那么工作就会变得枯燥乏味，而你也会渐渐失去工作的动力，最终会被竞争所淘汰。那么，工作的热忱到底对于年轻人有多重要呢？

当你对工作充满热忱的时候，你会主动自觉地将自己的所有时间和精力都投入到工作中，不会计较自己做了多少，得到了多少回到，而只想把自己的工作做好。

热忱是造就所有伟大成就的必备要素，同时，热忱也是人们工作、生活中最大的动力之源，是一种不可多得的精神特质，一旦你拥有了它，你就拥有了一种积极向上的精神力量。因此，对于工作你要保持最初的热忱！

雅诗兰黛夫人被誉为"化妆品王后"。她创业时期的一无所有，凭着自己聪颖的头脑和对事业的高度热情，成为世界著名的市场推销专才。全球知名品牌雅诗兰黛化妆品公司就是以她的名字命名的。她首创了买赠的销售方式，让其公司在众多化妆品公司中脱颖而出。她之所以获得如此巨大的成功，全凭着自己当初对工作的激情和热忱。不管什么时候，她总是能每天斗志昂扬、精神抖擞地工作10多个小时，工作时的激情简直令人惊讶。即使是退休后，她仍然可以精神抖擞地周旋于名门贵妇之间，为自己的公司做无形的宣传。

如果我们也能像雅诗兰黛夫人一样，时刻保持对工作的热忱，我们的成就感和信心就会愈来愈强，工作也会愈来愈顺畅。当别人看到我们热情地、全力地把工作做好时，自然会有所感染。

由此可见，成功与一个人高昂的工作状态有着莫大的关系。要想变得积极起来完全取决于你自己，只有善于从工作中寻找乐趣，你才能时刻以最佳的精神状态去工作。

也许你会忧虑随着年龄的增长你的工作激情会减退，也许你也曾担心工作中的太多艰难困苦会磨灭了你的工作热情，但是事实上，工作热忱的最大的敌人不是年龄、不是困难，而是你无休止的抱怨和毫无意义的牢骚。

有些人缺乏对自己工作的热忱，把工作当成一种痛苦，一种折磨。早上醒来一想到要去公司上班，心里就十分不乐意，磨磨叽叽到公司后，就无精打采地摆张"黑脸"开始工作了。工作中稍有不顺心的地方就会唠叨个不停，最后不但事情没有圆满解决，反而让老板和同事对你不满，这是何苦呢？没有激情，当然就没有专注和信念，更不用说会成功了，抱怨只会把你的热情全部带到失败的坟墓里。要想功成名就，那就请放弃抱怨、全身心的热忱工作吧！长期的热情来源于对工作本身的热爱。培养工作的热情，除了要用一种轻松的心情去对待工作，还要了解工作本身以及它的过去和现在，也要能预测它的将来。你对工作了解得越多，越深，范围越广，那么，你对工作的热情也会越高。工作中保持饱满的精神状态，就像刚开始工作时一样，这是对工作的负责。以最佳的精神状态工作不但可以提升你的工作业绩，还能使你不畏艰难地完成更多具有高难度的工作，并且还可以给你带来许多意想不到的收获。

工作热忱能够让你对自己正在做的事情产生浓厚的兴趣。千万不要否定，哪怕是那些你感觉枯燥乏味的工作，当你真正投入时间和精力去解决它时，它也会变得可爱起来的。

对工作的热忱可以让你了解到自身的局限，从而不断努力地提升和充实自己。当你全身心地投入到某项工作中时，就会发现一系列的问题，并能够不断解决问题，提升自己。

职业倦怠，大家一起击退它

职业倦怠会让你输掉过去，输掉现在，甚至是输掉未来。

你是否有过这样的感受：不知道因为什么无比厌恶自己的工作，不知道自己天天在干吗，一天又一天像机器似的奔波在家和公司之间。工作效率很低，老板一给自己安排有点儿挑战性的活，心里就抵触得不行。其实你是产生了职业倦怠！这种经历几乎每个人都有。

月底发了工资，何平约了张波和关烨小聚，几瓶啤酒几个小菜，三五好友待在一起，这样的情景几乎每个月都要上演一两回。

平日里像猴子一样的张波，今天看起来有点蔫，一口气灌了一杯啤酒，嘟嚷着说："下个月，哥们儿我想休个长假，出去散散心。"

"你失恋啦？是不是人家姑娘不嫁你了？"何平调侃他说。

"唉，还不是上班这点破事。烦啊！以前吧，觉得福利好、工作稳定，就能一直干下去。可现在，我每天都知道第二天要做什么，太没劲了。有时候我就想，难道我这一辈子就这样了？我想休个长假，感受一下什么叫生活，也琢磨琢磨自己到底想要什么样的生活。现在不是特流行义工旅行吗？我也想感受感受。"张波本来就不是那种事业心特重的人，他有这样的反应一点都不足为奇。奇怪的是关烨，他也凑热闹说自己想"出走"。何平撇了撇嘴，说："你不是就爱钱吗？上次吵着说工资低，这次人家给你高薪了，你怎么舍得走？"

"哎呀，现在公司的环境太复杂了，要看老板的脸色，也不能得罪同事，每天上班战战兢兢的，太累了。我一到办公室，脑子里就一片混乱，回到家也一样，好像上了弦的发条，停不下来。再这么下去，估计你们就得去安定医院看我了。"关烨的样子，看起来并不像是在胡说。

何平想想，他们的感受自己也有过。刚开始他以为自己是到了瓶颈期，后来才发现自己是产生了职业倦怠。就像张波和关烨现在的状况，也完全是倦怠的症状。

所谓职业怠倦，是指上班族无法顺利应对工作重压时的一种消极抵抗情绪，或者是因为长期连续处于工作压力下而表现出的一种情感、态度和行为的衰竭状态。严重的倦怠情绪，会让人丧失前进的动力，对生活和工作感到厌烦，备受拖延的困扰。

诱发倦怠的原因很复杂，其中最重要的有以下几方面因素。

1. 精神压力太大

大脑长期处于高度紧张的状态，无法得到正常的休息，因此人会感到疲惫，出现焦躁、抑郁、失眠等不良反应。很多销售工作者每个月都要完成一定量的任务，如果完不成，就拿不到提成。为了拿到报酬，很多人就得加班加点地干活，时间长了，势必就会出现职业倦怠。原本能够轻松完成的事，也提不起精神去做。

对策：对于此类问题，最好的缓解办法就是从转变对工作的认识开始，不能把工作当成生活的全部。工作和生活要区分开，上班时不要拖拖拉拉，专注做事，不要想着下班后再加班。休息的时候，要彻底放松，不要占用生活时间来工作。这样的话，才能让生活和工作实现完美的平衡。

2. 工作环境不佳

环境对人的生理和心理都有严重影响，长期在高温、高湿、嘈杂、强光或阴暗的环境里办公，就会让人的身体受到损害，出现头痛、脖颈痛、关节痛、视疲劳等问题。身体不舒适，心理定会受到影响，做事效率也会下降。想想看，身体遭受病痛煎熬，心里怎会不焦急难耐？静不下心来，又如何保证工作有序进行？如此恶性循环下去，势必会愈发厌恶工作。

对策：每种工作的性质不同，因此需要注意的事项也不一样。就办公室一族来说，总是久坐不动，腰椎、颈椎和视力是最容易出现问题的，所以要多注意这些方面的保护，适当地运动，合理地用眼。对于服务行业而言，可能需要长久站立，这时就要为自己选择舒适的鞋子，多注意对腿部的保护。身体是革命的本钱，有健康才能有充沛的精力工作和生活。

3.缺乏合适的平台

很多人在单位没有展示自我才能的平台，也体会不到工作带来的成就感，慢慢地就会导致工作情绪不高。还有很多人，本身非常有才华，公司也有合适的职位，但领导却不赏识，这也会造成他们对工作感到排斥。

对策：首先要明确一点，你在工作中扮演的是什么角色？你是否尽力去做了你该做的事？公司规模的大小与晋升空间不是成绝对的正比的。不管在哪儿，唯有先做出业绩，别人才能发现你的亮点。如果你实在厌倦这份工作，那么不妨找到自己的兴趣所在，做自己喜欢的事，也能够减少对工作的倦怠感。

4.人际关系不融洽

每天在公司里无法与同事愉快相处，还可能要面对钩心斗角的问题，这种人际关系上的压力会让人感到很疲惫，无法安心工作，慢慢地还会消磨掉人对工作的热情。

对策：身在职场，做好本职工作是第一位的，但也得重视人际关系。想想看，同事是否真的在某些方面为难你了？还是你从内心看不惯他人的做法？有时，换种角度去看问题，换种态度去做人，也许情况就会不一样。你排斥别人，别人也会排斥你；你对别人礼貌，别人也会对你微笑，气场这东西虽然看不见，但人人都能感觉得到。改善人际关系，先从自己做起。

职业倦怠期每个人都会有，选择合适的方式击退它，或是尽量缩短它的时间，让自己以最积极主动的态度来面对工作。

在职业词典中删除"不可能"

对一个根本不敢去做的人来说，一切都是不可能！

优秀的员工对"不可能"这三个字有很高的敏感度，他们认为这三个字会伤害自己的工作激情，破坏自己的职业斗志，所以他们尽量在自己的职业词典中删除"不可能"这三个字，让自己用最积极的情绪来面对很多未知的工作。因此，他们的职业能力提升得要比普通员工快，职业能力也会超过其他人。

福特公司历史上有一个非常著名的团队，这个团队里的每一名员工都是杰出的汽车引擎工程师，在同行眼里他们有着很强的职业能力。

他们的成功是从一次历练中开始的，当初，亨利·福特准备制造 V8 汽缸引擎时，要求公司的工程师们把 8 个汽缸放在一起。

福特的想法超出了他们职业经验的范围，他们非常不可思议地说："8 个汽缸放在一起，汽车史上都没有过这个例子，这是一件根本不可能的事情。"

福特是一个非常执拗的领导者，喝令着他们："世上就没有不可能的事情，无论如何你们都要给我做出来。"

他们还是摇着头，说道："但是，这真的是不可能的事情啊！"

福特不耐烦了，说："立刻去做，无论花多长时间和多少钱，你们都必须要做出来。"

他们只好硬着头皮去做，因为他们非常清楚福特的管理作风，违背他的命令，很可能就会被"扫地出门"。

半年过去了，他们的研究毫无进展；又过了半年，他们还是毫无收获。他们费尽了心思，想尽了能想到的办法，都没有成功。有很多成员很想放弃，但是不敢提出来。又过了一年，他们再次来到福特面前，恳切地说："这真的不可能，我们白白浪费两年时间了。"

"接着做！"福特的口气一如既往地坚定，"我要的就是 V8 汽缸引擎，一定要做出来！"

他们只好又做了起来。在经历了这么多次失败以后，他们终于做了出来，V8 汽缸宣告诞生。这个引擎出现在市场上以后，得到了很好的反响。因此，他们成了世界上最著名的工程师，他们的团队几乎代表了国际发动机最先进的研发水平。

这些员工起初也不过只是福特公司里的一些普通的研发人员而已，因为亨利·福特这位近乎苛刻的上司，逼得他们在自己的职业词典里删除"不可能"，他们在工作上必须要给自己一个肯定的动机，最后他们终于做到了。他们在工作中不得不无数次地对自己说"我可以"，在这个过程中，他们强化了内心的素质，给自己一个内在的力量去在岗位上奋斗，这个奋斗让他们积蓄了很多的能量，最后演变成了强大的职业气场。

当一件你认为"不可能"完成的任务摆在眼前时，千万不要花时间去想它失败的结局，因为你这是在预演失败。给自己一些压力，在压力中增加工作的欲望，勇于尝试，积极寻求解决方案，就能将"不可能"变成"可能"。

如果有一个只有 19 岁的穷大学生告诉你，他要凭自己的能力在一年之内赚到 100 万美元，你会相信吗？可能很多人会笑着摇头，说："这怎么可能，绝不可能！"但是就是这个大多数人认为"绝不可能"的事情，有人却真的做到了。

这个人就是孙正义。孙正义在美国留学时，只是一个个子矮小的穷学生，但是他却在自己 19 岁时制定了 50 年的人生规划，其中的一条就是要在 40 岁前至少赚到 10 亿美元。而第一步就是要在一年内赚够自己的第一桶金——100 万美元。那么，他是如何利用智慧赚到人生第一个 100 万美元的呢？

当时的孙正义，是一个名副其实的"穷光蛋"，连最基本的生活费都解决不了。但是在他心中却有着伟大的目标和梦想，他觉得只要自己努力，就没有什么不可能的事情。他先找了一份在餐厅当小工的工作，但是觉得与自己的梦想相差太大，就辞去了这份工作。他决定通过发明创造赚钱。那段时间，他绞尽脑汁，想出整整 250 页的办法和点子。

制作"多国语言翻译机"是他在所有点子中最终选定的一个，他觉得肯定能带来很大效益。确定了方向后，他又面临一个大问题：自己并不懂怎么组装机子。于是，他多方寻求帮助，希望能得到资助。

幸运的是，在被多数人拒绝后，他得到一位叫摩萨的教授的支持，对方答应帮助他。没有一分钱的孙正义，凭着自己的这个好点子，还争取了一些教授们的投资，他们签订了合同，约定等到这项技术销售出去后，再给他们研究费用。

结果产品研发出来后，立刻就被一家大公司看好，并高价买断，使得孙正义很快就实现了自己的第一个愿望，顺利地赚到了 100 万美元。

很多时候，我们都容易被"不可能"吓倒，可是那些"不可能"的事情并没有那么可怕，也许它只不过是内心消极情绪的暗示而已。你得打破这个暗示，让自己有一些压力，让自己"非做不可"，这样信念和勇气也会随之而生，有了这些，很多"不可能"的事情就变得不再那么困难，慢慢地，也就变成了"可能"的事情。

要让自己的职业气场很有魅力，就不要在"不可能"中消磨掉自己的工作激情，要在自己职业词典中删除"不可能"，给自己一个无比坚韧的内心！

当你遇到一个难题的时候，不要想都不想就说"不可能"，很多事情是因为人们从一开始就否定自己而最终变成遗憾的。我们应该学会打破僵局，凡事多以积极的眼光对待，删除你工作词典中的"不可能"，那么一切的"不可能"最后都会变成"不，可能！"

抛开负面情绪，找回积极心态

正能量的工作态度，可以促使人积极向上，提升自己，有益他人。

你可以想象这样一个场景：同事之间工作认真负责、配合默契无间，与客户交流融洽自然……每个人都充满了活力与热情。以积极的心态全身心地投入工作中是每个人都想要的工作状态，然而，现实生活中，大部分人都做不到。

销售员小伟，每天早上，闹钟不响过七八遍，他是绝对不可能从温暖的被窝中爬出来的。当他好不容易挣扎着起身时，脑子里第一个想法就是：哎，痛苦的一天又要开始了。

匆匆忙忙赶去公司，从进入公司大门，到在会议室听领导布置任务、安排工作，小伟始终处于神情恍惚的状态。上午的时候，他去拜访客户，结果惨遭客户的无情拒绝，小伟瞬间就感觉天降霹雳，仿佛世界末日到了似的，心情简直糟糕透顶。下班前，他赶回公司填写工作报表，心不在焉地胡乱写了几笔就算交差，就这样，一天工作结束了。

这就是小伟的真实工作状态：混一天算一天。

到月底发工资的时候，小伟很是气愤："哼，才这么点，看来该换地方了。"

一年下来，小伟换了五六家公司。日复一日、年复一年，时间就这样耗尽了，后来的故事，自然不必说。

这个世界上，大多数人都是平庸的。身在职场，不可避免地会被这样或那样的烦心事，影响到情绪。如果任由负面情绪在工作中蔓延，那一定会给工作带来糟糕的结果。要知道，工作是一种快乐，不是苦役。用正面的心态对待工作，你就会乐在其中，就会产生正面的奋斗力量。

台湾著名主持人蔡康永，曾经被记者要求评价他的搭档小 S，他说："小 S 是个很好玩儿的人，她的个性本身就很乐天、很有活力，她会让我觉得活着是一件很值得、很舒服、很有趣的事。而有的人会让我觉得活着很没劲，碰到他会把我的能量都吸走。"

每个人身上都有自己的能量，能量最外在的表现方式就是情绪，很多人都没办法控制自己的情绪，既"以物喜"又"以己悲"，只有少数的人能够在大喜大悲面前依然内敛，不过那需要足够的体能和心理素质来支撑。

某个商店中，有一位营业员正在招呼一位女顾客，这位顾客精挑细选，认真比较，耗费几十分钟还没决定到底要哪个。因为来商店的人比较多，营业员看她迟迟没有决定就去招待其他的顾客了。这位女顾客立马就不高兴了，厉声指责道："你不知道先来后到吗？我先来的你就该给我服务，就这么扔下我不管，你这算什么态度！"

若是营业员脾气暴躁，说不定两人当场就吵起来了，但是这位营业员不但没有任何不耐烦，还和颜悦色地说："抱歉，这会儿店里生意忙，对您招待不周，还请见谅，我服务态度不好，也请您多提宝贵意见。"这位女顾客见到营业员这样的态度，也不好意思了，她愧疚地道歉："我说话不好听，你也别往心里去。"

这位营业员以谦卑温和的口吻，传递出积极的能量，马上将顾客的一腔怒火扑灭。

当感觉到自己体内充斥着各种坏情绪，看世界都觉得是灰色的时候，你就被强大的负能量包围了，就像那位女顾客一样。而健康、积极、乐观的人带有正能量，就像那位营业员，和这样的人沟通会让我们觉得生活舒服而有趣。

更严重的是，当你周围有个消极怠工的家伙成天在你面前晃荡，对你说着"工作没劲""人生无聊"时，你更是觉得闹心。有定力的人还可以视而不见、充耳不闻；最怕的是自己也正迷茫着，看着别人那么懒散，那么消极，自己的情绪就会跟着暴跌到谷底，不知不觉就变得消极了。

很难想象，一个整天满腹牢骚，抱怨同事不友好，猜忌老板有偏见的消极员工怎么能谈得上是一名优秀的员工？要成为一名"愿干"的优秀员工，必须培育积极的心态，铲除负面情绪。每个人都会有两种情绪，消极情绪和积极情绪，如同硬币的正反两面。正面的情绪催人奋进，负面的情绪令人消极懈怠，甚至陷入绝望，永远没有机会改变平凡的命运。

但是，这两种心态的力量都不会主动爆发，而是受到人的主观意志的控制。因此，克服消极的负面情绪是可能的。办法其实很简单，那就是用积极的心态面对事情，积极向上的心态是优秀员工最基本的要素之一。

不要由于一时的失败就觉得整个人生都是灰暗的，这种心态是可笑又可悲的。要想取得成功，就要怀着强烈的信心和愿望，把你的全部身心放在上面，并注意不要偏离目标。这样，终有一天你会像其他成功者一样不同凡响。

正是因为保持着阳光的心态，爱迪生在经历了无数次失败之后才发明了电灯。而这个发明标志着伟大的电气时代的到来，并给全人类带来了巨大的财富。如果在工作中遇到令人失望的事情，你该怎么办？正确的做法当然是：继续工作！失败是为了激励你上进，激励你重新审视自己对生活、工作和学习的态度，并且把今天的挫折转化为继续前进的动力。这时，积极的心态可以把你从困惑中解救出来，并将那些看似不可能的事情转化为现实。

可惜，工作环境就在那里摆着，同事就在那个岗位待着，你无法逃避，这是不争的事实。但这不代表你可以随波逐流，越是这样的时候，你越需要努力适应环境，在消极因素的干扰下，营造出属于你自己的积极氛围。具体该怎么做呢？

1. 八卦话题一概不参与

过去，灵灵经常因为八卦的问题影响了工作，八卦杂志、娱乐新闻、黑色幽默，占据了一部分工作时间；与同事闲扯、开玩笑又占据了一部分时间，最后剩下的那点儿时间，根本不够完成工作。可现在，她彻底与八卦绝缘了。因为以前每次跟同事讨论完那些八卦新闻，她都有些懊悔，这种无聊的讨论占据了太多的时间。更糟糕的是，自己原本是好心，想跟同事搞好关系，但有时却被当成了不好好工作、偷懒耍贫的不靠谱的员工。如果一不小心，八卦到了某位同事的私生活，麻烦就更大了。与其耽误时间给自己找麻烦，不如安心工作。

2. 与积极的人站在同一列

有句话说，想知道一个人什么样，看看他周围的朋友就知道了。仔细想想，你就会发现跟那些整天悲观消极的人聊天，自己也被弄得很烦。不听他们唠叨诉苦，又显得太不近人情；但听了那些话，看着他们颓废的样子，又实在难受，要花半天的时间才能把自己从那种情绪中拉出来。所以，不妨远离那些消极的人，每天跟那些向日葵般积极向上的朋友打交道，看他们奋斗的样子，听他们的豪言壮语，会觉得生活很美好，工作有前途，做事有奔头。

3. 多参加一些培训活动

很多公司经常会邀请一些知名的顾问来给员工做培训，你应积极参加。

以前，小艾总觉得培训没什么用，教不了自己什么专业性的东西。后来，她慢慢发现，其实培训的内容很丰富，而很多人缺乏的也不仅仅是专业知识，更多的是缺乏良好的心态。除了公司组织的培训，她还会在豆瓣网站上找一些免费的讲座参加。一年下来，她参加过五六次讲座，结交了很多上进的朋友和一些相关领域的专业人士，使她收获颇多。

永远不要低估负面情绪的力量。如果不重视它，这种情绪会阻止人生的幸运，让你不能从中受益。如果在工作中遇到令人失望的事情，你需要振奋精神，继续努力！失败是为了激励你上进，激励你重新审视自己对生活、工作和学习的态度，并且把今天的挫折转化为继续前进的动力。这时，阳光的心态可以把你从困惑中解救出来，并将那些看似不可能的事情转化为现实。

假如我们能以进取的行为把工作付诸实践，就能够爆发出巨大的能量，推动自己积极向前，感受工作的快乐。这样，就算在最平凡的岗位上工作，也能做出非凡的业绩。

第六章

力争上游：
把进取当成一种工作习惯

不是每个人都是出类拔萃的天才，很多天才都是经过后天努力才拥有强大的能力的。如果你想在企业中占有一席之地，就必须不断努力，把进取当成一种习惯，在进取中不断提升工作能力，最终成为一个不可替代的优秀员工！

从小事改变，成为更好的自己

从小事行动起来，比所有的方法都要可靠！做好一件小事是大成功的开始。

在职场中，每个老板都希望自己的员工完美无缺，即使做不到这样，也可以积极进取，努力改正不完美的地方。每个人或多或少都有些小毛病，有的人总是不放在心上，但是有些小的坏习惯却有可能产生恶劣的影响。所以，对于自身不完美的地方要不断调整改变，让自己变得更好。只有这样，个人才能不断进步，然后更好地服务于企业，使其进一步发展。

改变是一种境界，更是一种心态，那么，作为一名员工在工作中正视自己身上出现的问题，然后不断改进自己，这才是最主要的，只有自己身上的坏习惯少了，一个人才会有所进步。

王元大学毕业之后来到了北京的一家电子商务公司做网络工作。刚来的时候，他身上有很多的毛病，比如说上下班不是迟到就是早退，上班的时候经常和同事闲聊，领导交给的任务他也是一拖再拖。老板为此批评他的时候，他还找来各种各样的理由来为自己开脱，老板碍于他是朋友介绍来的，也不便多说什么。

后来，老板就和介绍王元来的朋友说了这件事情。

老板的朋友是王元的一个远房亲戚，王元很崇拜这个大伯，好多事他都不听父母的，但是很听他这个大伯的。于是大伯就找来了王元，对他说："听说你小子最近工作不怎么样啊？"

王元抓了抓头笑着说："哪有啊，挺好的啊。"

大伯说："你不用瞒着我了，我都知道了。王元啊，关于工作的事情，你是怎么想的啊？"

王元笑而不答，大伯对他说道："你已经大学毕业了，已经不小了，到了社会上就不能再任性了，你看看公司其他的员工工作的时候是什么样的态度，你再看看你自己。如果你不从现在开始改正自己的小缺点，到时候恐怕你会被这些不起眼的小毛病害得很惨的，我也不多说你什么了，你自己回去好好想想吧。"

王元回去之后，好好想了想自己这段时间的表现，自己的某些行为确实是有些过分，他决定要一点一点地改正这些缺点。

第二天去上班的时候，王元是第一个到公司的，工作的时候他就自己闷头干，也不打扰别的同事了，老板指出他的毛病时他也不去狡辩了，而是去改正。这样一来，一段时间之后王元的进步很大，最后还升了职，为此老板也很高兴。

职场中，有很多员工身上都有一些小毛病、坏习惯。一个有进取心的员工应该要求自己日趋完善，不断前进，而不是纵容自己的小毛病和坏习惯。

"知错就改"这句话说起来很简单，做起来却有点难度，可是只要你有一颗上进的心，就可以做到这点。只有不断改正自己的缺点，你才可以不断进取。

从另一方面说，有时候自己需要改变的不一定是坏习惯。换一个角度看自己，根据自身的需要去改变，会得到不一样的收获。

当你觉得日子过得很累，工作干得很苦时，不要抱怨，也不要气馁，仔细想想，可能是你扮演了错的角色，就好像让鸟儿在水里飞翔，而让鱼儿在天空游荡一样。富兰克林说过："宝贝放错了地方便是废物。"只有发现自己的特长并找到它们与社会需要的最佳契合点，你才能拥有自信，才能更好地迈出获得人生发展的第一步。在这个时候稍微改变一下自己或环境，换个角度看问题，肯定会得到意想不到的收获。

众所周知，李小龙享誉全世界，可见"功夫之王"的影响力。但是，很多人只知道他在舞台上的光鲜亮丽，却很少有人知道李小龙本来也是有先天不足的。

首先，他是近视眼，必须戴隐形眼镜。他对此也很坦然说自己从小就近视。

其次，他的两腿不一样长，左腿比右腿长，但是他发挥自己的优势。专用左腿远踢、高踢，如狂风扫叶；专用右腿进行短促的阻击性踢法或隐蔽性踢法，近身发腿如发炮。但就是两腿不一致，他却能摆出优美别致的格斗姿势，还发展成为一种武功流派的典型。

"我接受我的不足与缺陷，没有任何怨言。"他这样对自己说。

一个人事业成功与否，在很大程度上取决于自己能不能适时地变通，然后根据自己的优劣势，做适合自己的事情。

这个世界上每个人都会有缺点和不足，完美的人是不存在的。有些缺点需要及时改正，这样才能得到更大的进步；有些自身的劣处就需要换个角度来看，用合适的改变来更好地发挥自己的优势。敢于创新，才能突破工作的局限

一个人若无超越环境之想，就做不出什么大事。

在现实生活中，我们常常就是因为缺乏创新精神而最终一事无成。身处职场，我们要敢于创新，只有这样，才能突破工作的局限，取得意想不到的成功。

为什么有很多人很难在工作中有所突破？其最主要的原因就是，他们很容易陷入一种工作思维定式里去，不敢创新，总是按着一种思路去解决工作中遇到的问题。然而，一旦让自己陷入这种思维定式里，工作就谈不上创新和改进了。

实际上，突破工作的局限，未必是什么大的动作，哪怕是小小的改变，也有可能让你受益匪浅。你别小看这个小动作，它有可能会给你带来很大的收益。

　　在一个企业或单位里，在工作中敢于创新的主要力量来自哪里？不是来自管理者，而是来自员工自己。因为你对自己的工作最熟悉、最有发言权。

　　天津某工厂，有一组流水线上的工人，他们几年如一日地在自己的岗位上工作着，每天的工作都相同，每月也生产几乎同样多的产品。

　　面对自己熟悉得不能再熟悉的工作，有一个工人开始动摇了，他认为这样的工作效率太低，于是就对工作提出了一个创新的方案，让同事们帮着提建议。他的方案得到了同事们的大力响应。大家一起讨论后完善了方案，并交给了领导。

　　他的方案得到了领导的认可。此方案的实行，把工作中的一个环节从两个多小时缩短到一分半钟，极大地提高了生产效率。

　　后来，他们接到了总部的命令：将这种提高生产效率的经验逐步在工厂内部推广。后来整个工厂的工作效率得到了很大的提高，也收获了更多的财富，这个工人也得到了厂里的重用。由此可见，只有敢于冒险、敢于创新，才能让自己的职场之路越走越宽。

　　一个不愿意在工作中创新的人，一辈子只能一事无成。到头来让自己一无所有。因为当我们在工作中想回避困难的同时，也将失去收获成功的机会。那些在事业中走得最远的人，都离不开创新。詹姆斯·卡梅隆是《终结者》《异形》《泰坦尼克号》《真实的谎言》《阿凡达》等多部电影的导演，他一直给我们制造着惊喜。

　　对于自己所获的成功，卡梅隆有一句话最具代表性，他曾经轻松地说："我在工作时，最喜欢创新，而创新就得和别人拍得不一样，而要想拍得和别人不一样，就得冒着风险来一点点改变，这样才能有最大的突破。"

　　对于我们每个人来讲，如果想成功，就得敢于创新，而创新就难免要冒失败的风险。人生在世，最大的风险就是没有任何冒险。换言之，不去冒险在一定程度上或许可以避免失败，但不冒险就没有创新和改变，平庸的生活也不会得到突破。提起微软，人人都会想到比尔·盖茨。他为何在竞争激烈的现代社会中独占鳌头呢？他制胜的法宝又是什么？

在比尔·盖茨看来，在工作中敢于创新是成功的首要因素。因为在任何事业中，创新才有可能改变，才有可能突破局限。他认为，如果一个机会没有伴随着风险，这种机会通常就不值得花心力去尝试。从比尔·盖茨后来的成功中，我们发现，正是因为他敢于在创新中冒险，才使得他的事业更加富含挑战的趣味，才让他有了成功的机会。

集天分、好胜、敢于创新、冒险、自信心于一身的比尔·盖茨说："所谓机会，就是去尝试没做过的事。可惜在微软神话下，许多人要做的，仅仅是去重复微软的一切。这些不敢创新、不敢冒险的人，要不了多久就会丧失竞争力，又哪来成功的机会呢？"

一个真正敢于冒险、敢于创新的人，是不会重复别人的工作模式的，哪怕他的事业已经很成功了，他还会通过尝试新的东西来突破自己。因此，我们每个人要想在事业上有所成就，要想在工作上有所突破，就必须敢于创新，在职场上以一个开拓者的身份义无反顾地挑战自己。

成为不可替代的专家级员工

工匠精神的价值在于精益求精，对匠心、精品的坚持和追求，专业、专注、一丝不苟且孜孜不倦。

如果要问专家级员工与普通的员工有什么最明显的区别，那么一定是专家级员工在自己的岗位上显得更加不可替代。观察现实就不难发现，专家级员工因为拥有着在一定程度上、一定时期内难以被替代的技艺，往往会成为企业的中坚力量。即便企业或部门经历一次又一次的员工"换血"，这些专家级员工在岗位上的地位也往往十分牢固。

每一位员工都应该告诉自己，合格远远不够，我要不断精进，像那些专家级员工一样不可替代，成为岗位上的专家。只有这样才能不被时代所淘汰，才能成功跻身优秀员工的行列，迎来自己事业上的光辉时刻。

俗话说："家财万贯不如薄技养身"，如果你只是一个普通的员工，上级的一句话就可以把你开了。而如果你能够保持不断精进，成为岗位上不可替代的专家级员工，才是现代企业"机器"需要的必备"零件"。

想要成为专家级员工，在岗位上变得不可替代并非是一件简单的事情。想做到这一点还需要我们能够系统地培养自己全方位的能力，尤其是对于提升岗位技能的不断追求，毕竟这才是最能表现我们价值的核心。

1. 立刻开始修炼基本功

不管是哪个岗位，都有着许许多多岗位技能基本功。在关注如何让自己掌握绝活时，先应该看看自己的基本功是否修炼到位。不要总是把目光盯着那些能够为你博得"眼球"的花哨技艺上。倘若没有基本功的支持，看起来再独特的技艺也不可能成为绝活，更不能让你成为不可替代的专家级员工。想要成为岗位上的专家，把最基础的岗位知识、技能掌握好，才能为修炼更精湛的技艺打下良好基础。再宏伟的建筑也要建立在牢固的地基之上，而基本功就是这块地基。

2. 调整心态、思维方式，增强执行力

在制造领域，大部分人不能够成为专家级员工，并不是因为智慧或能力上的差距。大部分人输在心态上，输在思维方式上，还有一些人输在执行力上。调整好心态，我们才能在追求精进的过程中拥有更强内驱力，才能在成为不可替代员工的道路上坚持下去；优化思维方式，我们才能找到成为一名岗位专家的最佳途径，从而事半功倍；增强执行力，我们才能将成为一名真正专家级员工的想法付诸实践，才能让专业精神得到践行。

3. 做别人不愿意做的事情

世界上有很多人在做着别人不愿意做的事，这些人都是无可替代的。实际上，有很多成功人士，都是做了别人不愿做的事，让自己无可替代，才获得巨大的成功。

精业的本质就在于你不断完善专业技能，达到完美的境界。

正如马丁·路德·金说的："如果一个人是清洁工，那么他就应该以米开朗琪罗绘画、像贝多芬谱曲、像莎士比亚写诗那样的心情来清扫街道。他的工作如此出色，以至于天空和大地的居民都会对他注目赞美：'瞧，这儿有一位伟大的清洁工，他的活儿干得真是无与伦比！'"

如今，老板想要的就是精业的员工。如果你想让自己成为一名卓越的员工，你就要把做公司的"专家级员工"作为自己的座右铭，不断地激励自己去提高业务素质。

让自己拥有成为一名专家级员工的素质，不是一蹴而就的，需要长期的历练。在职业生涯中，你不一定要精通多种技能，但是一定要成为你所从事工作岗位的专家级别的员工。若是能在所从事的行业中有一定的影响力最好，但至少要做到精通。

其实，成为所从事行业中专家级员工并没有想象中那样难，关键在于坚持和细节，把自己的工作当成艺术品去"雕刻"。要对自己充满信心，相信自己，学会用心去做自己的工作，把自己当作是团队的指挥。如果你比别人更专业、更精通，相信你已经不可替代。

敢于竞争，随时随地全力以赴

要有竞争的信心，然后全力以赴，假如具有这种观念，任何事情十之八九都能成功。

当今时代是一个信息时代、知识经济时代、网络经济时代，成功的秘诀是"用脑走路"。现在成功的标准也有了很大变化。如果你一直止步不前，不去投资自己，怎么能跟上时代的节奏呢？所以你一定要意识到，如果你不能一直进步，那么其他的人就可能很快超越你。要想继续前进，取得成功，我们一定要敢于竞争，并全力以赴的为竞争做努力。

我们不但要敢于竞争，还要乐于竞争。很多生意人都有这样的体会：这桩生意本来是你发现的，但是当你兴高采烈地拿着"镰刀"去收获的时候，一回头突然发现后面有一个人开着"联合收割机"来了，结果可想而知，自然是他超越了你，收获了本应属于你的果实。

在工作中也是一样，虽然你先来到这个公司，但如果你不全力以赴投入到工作中，后来的员工一定会超越你。如果你前面有榜样、有标杆，后面有追随者、有挑战者，那么这个时候你更要全力以赴了，不能在竞争中失败。

　　莉莉和婷婷同时进入一家旅游公司当导游。一个月后莉莉就表现出了不俗的工作能力。婷婷怎么想也想不明白，明明水平也差不多，而且当初是一起进来的，为什么莉莉就能做得更好呢？百思不得其解的婷婷思前想后决定去问莉莉。原来莉莉刚到公司就了解到公司竞争激烈，自己如果不提高竞争力，投入全部精力在工作中，迟早会被比下去。莉莉知道公司时常有国外的客户，而自己对英语又不是很精通，于是就报了个英语班，一有空就会背背英语单词，莉莉笑着说仿佛自己又过回了高中时代。除此之外，她还积极向公司的老员工请教，遇到难办棘手的事该如何妥善处置，因此掌握了不少处理突发事件的能力……

　　婷婷终于明白莉莉的工作能力为什么那么强了，为了自己不被其他人比下去，提高自己的竞争力，婷婷也开始努力了。

　　要想成为好员工，就必须在竞争因素的激励下全力前行。如果没有人跟你争，没有人跟你抢，那么你就有了停滞不前的理由。

　　在很多成功的企业里，虽然很多位置虚位以待，但是绝不允许有人滥竽充数。在今天这样一个大家都奋进向上的年代，每个人都拥有梦想，都想过上好日子。所以你一定要不断地激励自己，乐于在竞争中全力以赴，才能获得胜利。所以工作中光有竞争精神还是不够的，当你选择了竞争，就要全力以赴，这样才能收获成功。职场中，总有许多员工在抱怨：我已经很努力地去工作了，为什么还是得不到想要的结果？在和别人的竞争中总是失败，导致自己无所适从。要么徘徊不前，要么望而却步。其实他们不知道，做工作只凭简单的努力是远远不够的，这只能说明你在做，并不代表你已经把全部的激情、注意力都放到了工作上，也就是说，你还没有做到全力以赴。如果做不到全力以赴，工作即便完成了也很难获得最好的结果。

　　心理学专家研究后发现，一个人如果能够全身心地投入到一件事中，这件事的效率就会提升十倍、百倍，甚至千倍、万倍。大多数的奇迹就是在这种状态下发生的。

爱默生曾说:"一个人,当他全身心地投入到自己的工作之中,并取得成绩时,他将是快乐而放松的。但是,如果情况相反的话,他的生活则平凡无奇,且有可能不得安宁。"一个对自己工作充满激情并随时准备全力以赴的员工,无论在什么公司,他都会热爱自己所从事的职业,在面对任何困难和挑战时,也都会始终一丝不苟地去全力完成它。

三星公司是世界上实力最强的手机制造商之一,制造技术居于全球领先地位。三星之所以能够取得这样辉煌的业绩,与公司拥有一批在工作中能够全力以赴的员工不无关系。

在三星公司,有一座很著名的五层小楼,三星人叫它"贵宾楼"。其实"贵宾楼"只是一幢带会议室的宿舍,之所以有这样一个富贵的名字,是因为这里常常聚集着公司的工程师、产品经理和其他一些研究人员。这些三星公司的精英经常围坐在小桌旁进行讨论,公司许多著名的项目,比如"岩石""彩虹""哈瓦那"等,都出自这里。

长久以来,"贵宾楼"里的精英们总是在不断地攻克难题,为公司策划出越来越多的好项目。有时候,为了解决某个技术难题,研究人员会在这里彻夜工作,因为他们都在上司前立下了保证书——不解决手头的问题,绝不离开"贵宾楼"。

正因为具有这种做什么工作都全力以赴的精神,三星公司才能在众多的知名手机品牌中以成本低、利润率高和创新产品等优势取胜。

由此可见,全力以赴在工作中多么重要。但是,在现实职场中,虽然总能听见很多员工在说"我一定会尽力而为",可是当问题没有解决好的时候,他们却又总是在为自己找借口,"我已经尽力了"。其实,要想真正将一件事情做好,光尽力而为还远远不够,必须全力以赴,这样才能逼迫自己将智慧和能力全部发挥出来。正如大众汽车的一句员工训言说的那样:"没有人能够想当然地'保有'一份好工作,而要靠自己的激情和奋斗去争取一份好工作!"

工作就是每一个员工的使命,当你对自己的工作感到厌烦的时候,要时刻提醒自己"这是我的工作"，然后还要在工作中全力以赴，这是一个优秀员工必须具备的素质，更是一名员工进取心的体现。没有进取心的员工，不管多有才华，也很难逃脱被淘汰的命运。在企业中，如果每个员工都以强烈的进取心对待工作，就会直接推动企业向前发展，增强企业竞争力。

如果你也希望能够在自己的事业上取得突飞猛进的发展，就必须具备竞争的精神，要不断和自己竞争，在竞争中更好地完善自己，全力以赴去努力改变，这样才能更接近成功。

勿安于现状，业余时间不忘给自己充电

在你以为你可以满足于现有的一切时，现有的一切却都在慢慢消失。

如果你身在职场，不管你现在是否已经取得了一定的成就，你都要始终坚持积极进取的精神，再接再厉，这样你才能不断地达到一个个辉煌的新顶点。要知道，人都是有惰性的，如果你任凭自己的惰性支配着自己，不求上进，那么无异于慢性自杀，迟早会在职场中尝到"安乐死"的滋味的。

很多人本来拥有一份令其他人都十分羡慕的工作，然而，他们自己却并不懂得珍惜。在日复一日的光阴流逝里，不再像当初那样珍视自己的工作，而是对自己的工作感到枯燥乏味，进而怠慢工作甚至随便应付了事。变成了人们口头常说的"做一天和尚撞一天钟"，最终由于失职而被调到"后院去劈柴挑水"。这种在工作中不求上进也不懂得进取的人，不是被调离就是被淘汰，而只有那些积极努力、不断地提升自己工作能力的人，才会成为企业最需要的人。

俗话说"落后就要挨打"，而在职场中，落后就要被别人超越，甚至被淘汰。所以，作为一名员工一定要让自己具备紧跟时代的学习能力，积极进取，永远不甘为人后。时刻保持不落人后的警惕意识，这样，职场中的你才不至于在不知不觉中"安乐死"。

学习能力是指通过方法和技巧把外在的或者别人的知识和技能变成自己的能力。工作中，需要具备的能力有很多，团队合作能力、时间管理能力、决策能力、解决问题的能力、抗挫折能力等。但在这所有能力中，有一种能力是基础，没有它，其他能力的提升便无从谈起，那便是学习能力。

李阳和陈璐是同一批进入孙总企业的员工。当时，孙总之所以录用他们两个，一方面是觉得李阳学历高，掌握的知识可能更全面些；另一方面是觉得陈璐虽然学历低些，但贵在实践经验丰富，所以两个人能互补。但是进了企业之后，事情却和孙总想象的有些不一样。

李阳虽然学历高，甚至比企业中90％以上的同级别的员工都要高，可能正是因为如此，李阳进了企业之后一直"躺在学历证书上睡大觉"——不再学习，坐吃老本。无论是谁，如果不充实自己，渐渐都会落伍，特别是在企业中，竞争激烈，你不学习，就会被别人赶超甚至是远远地落在后面，李阳就是这样。

虽然是同一时期进入的企业，但陈璐却和李阳截然相反。因为知道自己学历低，所以陈璐非常重视学习，一有机会，无论是领导还是同事，甚至是那些刚入职的员工，他都会主动向人家请教。每天更是专门拿出一个小时的时间在网上自学专业知识。渐渐地，陈璐的业务能力远远超过了李阳。

在企业中，这种情况很常见。很多人以为学历高是优势，所以进入企业之后以此为"靠山"，觉得自己已经掌握了非常多的知识，不继续学习也是可以的。实际上，这种想法是错误的。在企业中，虽然重视学历，但是更重视学习能力。即便我们学历再高，如果没有学习能力，那么也会被日新月异的社会需求所淘汰，其他人也会后来居上超过我们，甚至取代我们。

所以，无论我们是谁，无论我们有什么样的学历，进入企业之后，要想和企业保持同步发展，或者走在企业和竞争对手的前端，我们就要不断提高自己的学习能力。如此一来，我们才能以学习能力为基础，不断丰富、发展和提高其他能力，最终综合发展，成为企业中能力出众、不可或缺的人才。

平时，我们应该有意识地培养自己对学习某项技能的兴趣，或者想办法激发出自己的兴趣，这样学习才能事半功倍。

学习能力是一切能力的基础，没有学习能力便没有其他能力的提升。生活工作中我们还需要善于思考和反思。学而不思则罔，思而不学则殆。每天反思自己工作中需要学习提高的地方，补充自己缺少的能力，更好地完善自己的综合素质。

要想始终提升自己的学习能力，我们就必须将知识变成有源头的"活水"，不断推陈出新，不断更替交叠，这样我们才能始终处于一种"流动"的状态，保证自己的知识和技能都是新的、活的。也只有这样，我们才能持续、稳步提升自己。

当然，学习能力不是一件可以一劳永逸的事情。在工作中，我们必须长久坚持，将学习变成我们的一种习惯，这样我们才能通过不断提升学习能力进而提升其他各方面的能力，不断丰富和提高升自己。

明确职业目标与规划

成功就是一个人事先树立了有价值的目标，然后循序渐进地实现的过程。

优秀的员工会明确地给自己一个职业规划，让自己的每一步都有很强的针对性，他们知道自己的工作目的是什么，清楚自己怎么做能够更好地激发出自己的职业潜能。在一次次的自我规划和肯定中，提升了自己的职业能力。

一个普通的员工想要成为公司里的优秀员工，做好职业规划必不可少。职业生涯规划如果能做到位的话，就可以为自己的工作提供足够的指导。

李范在整个湘菜厨师界都赫赫有名。就在今年，他从湖南的一家饭店跳到北京的"潇潇余湘"，年薪从 5 万元变成了 15 万元，而现在的他也成了行政总厨。他是如何成就了现在的自己呢？

当初他在进入湖南这家小饭店时，他的职业规划就是要学习到最地道的湘菜厨艺。他在那里一干就是六年，这家小饭店最吸引他的就是那位担任首席大厨的全市闻名的家常菜厨师。他认大厨为师傅，非常虚心地学习师傅教给他的每一道菜的烹饪方法。也许是李范的职业灵性和兴趣使然，他只花了两年的时间就成了这家饭店的第二招牌厨师。

在接下来的四年时间内，他的师傅退休了，他的职业目标就变成了接替他的师傅成为这家饭店真正的大招牌。后来，他的确做到了。但是，他在这里待得越久就越发不开心，因为他发现自己的发展空间太小了。

李范想去寻找更大的发展空间。他又给自己设置了一个目标：去专业的厨师院校学习更多的烹饪手法。于是他去了北京的一个很有名的烹饪院校系统学习厨艺。学习结束后，他以过硬的厨艺成功地应聘上了"潇潇余湘"的大厨，他做的美食让来往的顾客称赞不已，于是他又很快地坐上了行政总厨的位置。

李范从湖南跳到了北京，目的就是想寻找适合自己的大舞台，他的能力需要更大的发展空间。后来，他的才能有了新的拓展，很多年的饭店工作让他对饭店经营也有了心得。他又给自己确立了一个职业目标：做一个既会做菜又会卖菜的口碑名厨。他很明白：餐饮业的淡季，饭店需要做一些特殊的菜肴才能吸引客源；特殊节假日，厨师需要做出创意珍馐才能为饭店招揽更多的生意。这些心得是李范在湖南饭店的小空间里就已经酝酿好的，当时它无用武之地，而在"潇潇余湘"，他的这些想法得到了发挥，也让饭店的生意变得更加兴隆了。李范在小空间里去追逐自己的大舞台，成就了自己的大梦想，最终成为一位名厨。

大家现在有没有从上面的故事中领会到什么？李范正是给自己设计了明确的职业目标，每一步都是按照这个目标做好规划，并努力去实现它，最终他成了一位名厨，实现了梦想。

其实，职业规划只需要认真思考三个问题。你适合做什么？你想做什么？你要做什么准备？这就是对自己的职业定位。但是，解决好这三个问题也并非那么容易。因为我们可能对身边的人很了解，反而对自己却"当局者迷"，往往不知道自己擅长什么，适合什么类型的工作，总觉得什么工作都可以，其实这正是导致许多人穷忙的主要原因之一。职业定位至少给我们一个优选范围。

相信每个人生活中都有坐错公交车的经历。本来要去 A 处，却坐反了车到了 B 处，于是只能按原路返回，而且还浪费了时间。然而在现实生活中，人生走错方向的事情，却很少能再走回来。

人生本来就只有一次，有些事情错过了就永远错过了。生命也是，没有回头路可走。所以，无论做什么，选择好目标，做好规划最重要。只有制订了计划，认准目标，才不会徒劳无功。有些计划短期内是看不到成效的，安心等待，相信现在的每一次努力都会有结果的。

如何做到有计划、有条理？我们可以每天制定计划表，写下自己今天或是最近需要完成的任务，按照自身实际情况去安排每一个计划的先后顺序，同时，进行一段时间的成果检验，进一步列出需要继续完成或是改善的工作情况等。

生活中那些成功的人，往往是前期做好计划的人，这样才能保证生活以及工作的有条不紊。生活上他们注重生活习惯、饮食健康，工作上更是保证在计划中进行，从而逐渐达到理想的目标。

第七章

省时高效：
高效执行力就是做事要速战速决

你应当明白，努力并不是指像无头苍蝇似的埋头苦干与蛮干，因为一味蛮干有时候会捡了芝麻，丢了西瓜，凡事要讲方法、求效率。现代企业最讲究的就是效率和效益，能在有限的时间内做出成果、干出业绩的员工往往最能得到老板的青睐。

忙要忙到点子上

要把最好的精力、心情和时间用在最重要、最有价值的事情上。

当好久不见的朋友问你在做什么工作时，也许你的回答就是"瞎忙"。在工作上总有忙不完的事，忙忙碌碌，你已经不知道哪些事情重要、哪些事情不重要了，日子过去了，什么都没有沉淀下来。

的确，很多人一直忙着工作，像无头的苍蝇，忙得晕头转向。如果你也陷入了这样的状态，你需要思考一下这到底是为什么了。

一位家庭主妇在博客上诉说自己的苦恼："我是专职妈妈，每天都待在家里，似乎时间很多，但是还是觉得不够用。我虽然制订了每天的计划，但是有时光孩子吃饭就浪费很长时间，饭后的洗刷和整理又浪费很长时间。有时，还会有一些突发事件需要我去应付，比如被孩子班主任叫到学校，帮助老公去处理银行事务。临时出现的急事一旦解决完了，就是被动地等待后面的事情出现，简直成了一种恶性循环！当初我为了休息选择当全职妈妈，没想到对家里的事情疲于应付，没有时间逛街，没有时间做保养，每天这么下去真是太痛苦了！为此，我想到了离婚，想到不顾一切离家出走……但是觉得那样都是不负责任的。我好累，我到底该怎么做？"

从她的倾诉中，可以看出她的问题已经很严重了，忙碌使她失去了方向，也让她感受不到生活的任何快乐，这种情况如果持续下去，也许会影响她的心理健康。即使不上班在家休息也会觉得很累，这就是忙不到点子上的后果。

事情有轻重缓急，有的甚至是无用，就可以不做，如果你不明白这样的道理，生活就会进入"瞎忙"的误区，疲于应付，难以谈得上享受生活。工作也是这样，如果你能抓住工作的重点，先做重要的事情，就会轻松很多。

甲和乙同时在一家大型超市上班，大家都是从底层干起。不久后，乙就得到了提升，而甲依旧处在那个底层位置。终于有一天甲不服气，找到总经理说出自己心中的不满。总经理没解释什么，对甲说："你马上到集市上去，看看今天有什么卖的。"甲很快从集市回来，说集市上只有一个农民拉了车土豆在卖。经理问："一车大约有多少袋，多少斤？"甲又跑去，回来说有十袋。"多少钱一斤？"甲再次跑到集市上打听了价钱。总经理看着跑得气喘吁吁的甲摇摇头，然后又找来乙，对他说："现在马上到集市上去，看看今天有什么卖的。"乙很快从集市回来了，汇报说，到现在为止只有一个农民在卖土豆，有十袋，价格可以，质量很好，他带回了几个让经理看，而且把那个农民也带来了，现在正在外面等着。总经理看了一眼红了脸的甲，说："请他进来吧。"

无疑，甲员工很勤奋也很忙碌，但是忙不到点子上，不能抓住关键点，做的都是无用功，是典型的瞎忙。而乙员工做事情很轻松，他就出去一趟，把所有重要的信息都弄清楚了，甚至还带来新客户，他是超额完成了任务。两人一对比，当然是乙员工更有竞争力，工作上也理所当然会得到提升。

工作中的瞎忙，除了抓不到重点外，有许多人还给自己树立了太多的目标，他们认为目标越多，进步就会越快，殊不知，不切实际的远大目标会使人陷入茫然之中。其实做事情简单一点，从实际出发，选择更加切合实际的目标，将使我们变得更有效率。

一个年轻人在工作中满怀着憧憬给自己树立了许多目标，经过多年的奋斗后却是一事无成，他感到十分苦闷，就找到了一位智者，想得到他的帮助。

听完年轻人的倾诉，智者没有多说什么，只是微笑着让年轻人帮他烧一壶开水。年轻人走到墙角，拿起水壶。这是一个极大的水壶，年轻人没有多想，就给这个壶注上了满满的一壶水，然后到灶台开始烧水。可是屋里的柴并不多，正当大火熊熊燃烧的时候，柴烧完了，可是水壶里的水并没有烧开。年轻人急忙跑出去找干柴，等他抱着一大捆柴火回来的时候，水壶里的水已经凉得差不多了。年轻又将柴火放在一边，然后再次出去找柴火，当柴火足够多的时候，他才再一次生起火。

智者在旁边看着年轻人问："如果这个地方无法找到足够的柴火，你有什么办法将壶里的水烧开呢？"

年轻人茫然地摇了摇头，智者笑了笑说："如果将水壶里的水倒掉一些会如何？"

年轻人这个时候才如梦方醒地点了点头。智者接着又说："你给自己，树立了太多太大的目标，就像这水壶里的水一样多，可是你没有足够多的柴火，这就给自己制造了太多的麻烦，你若是倒出一些水，或者提前准备足够多的柴火，水烧开就简单很多了。"

年轻人终于明白了智者的教诲。回到单位，他将以前列出的目标大部分都删掉了，留下了自己觉得最需要的那个，然后不断地努力，朝着目标奋斗。几年之后，不仅实现了最重要那个目标，之前他列的所有目标也都实现了。

年轻人一开始给自己确定了无数个目标，可谓是雄心勃勃，但是，现实无情地打击了他的"远大理想"，过多的目标反而使他失去了把控前进方向的力量。经过智者的指点，他明白了"要让目标变得简单些"的道理，"简单"的目标使他在前进的过程中更专注，也更快更好地获得了成功。一些人成天在忙碌，给人看似敬业的表象，其实，他们很多时候是在做无用功。

从前，有一个国王突然猝死，一个叫哥帝尔斯的贫民阴差阳错地继承了王位。这位新国王为了感谢神明的佑护，就将自己一直使用的牛车用一种非常复杂的方式捆在了神殿上面。多年以后，这个王国流传着一个说法：只要谁能够解开这个绳结，就能够顺利地统治整个亚洲。有很多人来到神殿尝试解开这个绳结，最后都无功而返。远征的亚历山大也来到这里，并且听到当地人讲起了这个传说。亚历山大挥动手中的宝剑，朝着绳结砍去，绳结被解开了。亚历山大当场还留下了一句话：解不开的时候就斩断它。

亚历山大用行动告诉我们：删繁就简是解决很多难题最有效的办法。在职场中，我们应该用简单有效的实际行动实现业绩的快速提升，用简单专一的选择减少不必要的忙碌，提高工作效率，"轻松"获得成功。

如何在工作中实现删繁就简，减少忙碌？

把工作目标变简单。我们应该简单地看待工作目标，那就是完成公司的业绩任务，实现自己的职业价值，其他的完全可以不必过多考虑，给自己减少没用的忙碌，专心于工作目标，工作就能变得简单。

把工作内容变简单。把工作的内容变简单的方法就是按章行事，公司的制度规定了各自岗位的职责，我们按照职责要求做好自己的本职工作就好。同时，服从上司的安排，适当地协助其他同事做好交叉性和临时性的工作，做好这些就行，不要期望做好所有的事情，否则最后只能是忙得什么也做不好。

所以说要改变工作上的瞎忙状态，就要忙到点子上，埋头蛮干前想清楚自己忙的意义和价值，不能为了忙而忙。应该从以下三点着手。

1. 检视一下自己为什么而忙

如果最近一段时间总是觉得工作时间不够用，忙忙碌碌，就要检视一下自己为什么而忙。看看自己为之忙的是不是有价值的，看看自己是否偏离了最终的目标……弄清楚这些，你才能从瞎忙中抽出身来，拥有简单而健康的生活。这时，你应该为自己的工作制订简单的计划，弄清楚在计划中哪些是重要的、哪些是次要的。这样，你就会忙而不乱，忙得有价值。

2. 抓住工作的关键点

其实，任何一件事情都有其关键点，职场有职场的规则。谈合作，关键是争取自己最大的利益；搞新产品开发，就要考虑产品潜在市场和效益……先抓关键点，你就会赢得更多的时间。

3. 学一点时间管理的知识

你应该学一些时间管理知识，用专业知识帮你区分重要且急迫的工作、不重要但急迫的工作、重要却不急迫的工作、不重要也不急迫的工作。先把第一类工作做好，投入更多的精力和时间，要确保其完成的质量和达到的效果，剩下的可以利用零星时间来完成。最重要的工作占用大块的时间，没有那么重要的工作采取见缝插针的方式来处理，会节省你更多时间。

如果你把所有的时间都用来"忙"了，而没有好好想为什么忙，以何种方式忙，那么你可能就辜负了时间。这时你身心疲惫，即使抱怨却什么也改变不了。要想走出"瞎忙"的误区，就应该好好规划自己的工作。这个任务该不该做，怎么做，分为几步，都是你要认真思考的。当你想明白这些，你才能忙有所得，忙得有价值，变成高效率的员工。

勿好高骛远，要从眼前的事情开始

着眼于眼前，做我们力所能及的事。不仅简单有效，更能体现出价值。

　　成功者不会只将目光放在远处，而对于眼前的任务不屑一顾。正所谓"千里之行，始于足下"，就算是千万丈的高楼，也是从平地而起的。你不需要整天想着宏伟远大的目标，而应该找一些短期内就可以完成的任务。

　　一个人成功与否，和他的目标设定和实施有着十分重要的联系。任何一个长远的目标，都必须经过重重关卡，耗费大量的时间才能完成。长远的目标不可能一蹴而就，因此只能着眼于手头上的工作，尽快完成短期内的任务。这不但是你实现最终目标所必须经历的过程，也能够帮助你收获足够的热情。而长远的目标一时难以到达，在漫长的奋斗与煎熬中，难免会让你心灰意冷。当未来逐渐迷茫，当工作上遭遇阻碍，当你的内心感到无力的时候，不妨先"放弃"自己的远大目标，从手头上的小事做起，这样你就会发现要达成自己的目标，并没有想象中那样困难，在完成一些短期任务时，也会让你快速地体会到一种成就感。

　　我们都知道台湾企业家王永庆，他创立的台湾塑胶集团在世界化工业中占据了重要的位置，算得上是商业界的成功典范。不过，很少有人知道，王永庆在最初创业的时候，还是从卖米的小本生意做起的。

王永庆出生在一个贫寒的家庭，为了给家庭减轻负担，小学毕业后就不再读书了。经熟人的介绍，他来到嘉义一家米店当学徒，在米店学了一年后，他的父亲见他很有做生意的潜质，便借钱给他开了一家米店。

米店面积虽然很小，但王永庆却非常兴奋，每天都起早贪黑努力地经营着。王永庆为了经营好自己的客户，用心地盘算每个客户的日常消耗量，比如一个八口之家，每月需大米10公斤，四口之家就是5公斤，他按照这样的数量给客户设定标准。而且他还预算着客户吃完米的时间。这时，他就按照自己制定的标准，主动地将米送到顾客家里。这不仅确保了顾客家中不会缺米，而且也帮助了那些老弱病残的顾客，替他们减少了不少麻烦。很多客户自从买过王永庆的大米后，就很少再去别家买了。

后来，他又决定从每一粒大米入手，从根本上提高自己的大米质量。由于那时候的稻谷加工技术十分落后，大米中通常混杂着许多小石子，食用前必须淘好几次米，十分不方便。于是，王永庆和弟弟一起动手，将大米里的杂物捡得干干净净，这样他们的大米便成了当地最受欢迎的大米，很多顾客都夸他们的大米干净，质量也好，如此一传十、十传百，米店的生意也一天天红火起来了。

王永庆的第一个短期任务完成了，又制订了第二个短期任务，那就是让自己的米店成为嘉义生意最好的一家。为了完成第二个短期任务，王永庆又想出了一个很好的制胜方法。他观察到许多顾客在米店买米后，还要自己运回家，这样对顾客来说很麻烦。于是，他又和弟弟主动"送米上门"，甚至帮顾客将大米装进米缸里。

王永庆的热情服务备受顾客的好评，许多顾客都对他的米店赞不绝口。渐渐地，米店的知名度打开了，生意也越来越好。经过几年的打拼，米店的资金雄厚了，顾客也稳定了下来。王永庆便在一处繁华的街道上开办了自己的碾米厂，比之前的米店大了好几倍。

接下来，王永庆又给自己制订了第三个短期任务……就这样，他从小小的米店生意做起，越做越大。

王永庆的故事告诉我们，不要总想自己的远大梦想，想着一定要做一些轰轰烈烈的大事情，如果能够着眼于手头上的工作，哪怕只是卖米这样小的事情，也能够帮助你赢得最后的成功。当你完成了短期的任务之后，就会发现自己离远大的目标越来越近了。

新东方学校的创始人俞敏洪曾经说过："看一个人会不会做事，主要从三个方面来观察：第一是他是否愿意从小事做起，是否知道做小事是成大事的必经之路；第二是他的心里是否有最终的目标，是否知道把所做的小事积累起来最终的结果是什么；第三是他是否有一种精神，能够为了将来的目标自始至终把小事做好。"

暂时"放弃"长远目标，从短期内可以完成的任务着手，其中还蕴含着一些哲理。

第一，短期内的任务没有完成，就无法完成长远的目标。只有当你着手于眼前的事情时，才能更加清楚地了解接下来你需要做些什么，之后你可能会遇到什么样的问题，应该用什么样的方法去解决。这就像一场长途旅行，你的长远目标就是最终的目的地，如果你始终不向前跨出一步，又如何能够达到终点呢？只要真正踏上旅途之后，才知道沿途的风景是怎样的，才有信心走到最终的目的地。

第二，放弃短期的任务，就等于放弃了成功的机会。放着短期内可以完成的任务不做，整天只想自己的长远目标，最后只会大事做不成，小事也没做好，从而失去了许多成功的机会。许多年轻人都喜欢报怨，说自己的人生际遇不好，没有别人那样的机会，可事实上很多机会就是从自己的手中丢掉的。

第三，完成短期任务，可以提高你的自信心。如果每一位年轻人都能够从短期任务做起，慢慢地就会形成一种认真做事、立刻行动的好习惯，这样也不会整日瞎忙了。而且，短期任务通常很容易成功，能够不断增强自己的自信心。

可以想象一下，长远的目标不可能一下就达到，甚至有可能遭遇到种种失败，如果一直没有成功，你又如何去树立自信心呢？所以，给自己找一些短期内可以完成的任务吧！认真而努力地去完成它，你便跨出了成功的第一步！

不要小瞧零星的剩余时间

点滴积累，持之以恒，只要肯坚持把零散的时间都积累起来善加利用，就能创造奇迹。

沙粒虽小，但聚在一起可以堆积成塔；零散时间虽短，累积起来就是一笔宝贵的财富。在学习上、生活上，如果零散时间运用得当，效果也会不错。

据报载，我国著名的数学家苏步青教授，在参加人大会议期间，每天利用晚上的零散时间，写完了他的专著《仿射微分几何》。他说："我把整段的时间称为'整匹布'，把点滴时间，称为'零星布'。做衣裳有整料固然好，没有整段时间，就尽量把零星时间用起来，天天二三十分钟，加起来可观得很！"

"泰山不辞微尘，故能成其高；江河不让涓滴，故能就其深。"零星时间虽短，只要抓住它，一段一段地接起来，就能由短变长。

有一位研究新闻学的教授，为了挤出时间广采博纳，把一部浩瀚的《全唐书》放在厕所里，数十年来，坚持利用每日上厕所的时间阅读，硬是熟读了其中所有的篇章。零星时间积累起来是很惊人的，如果我们每天花一个小时读 10 页有用的书，每年可读 3600 多页书，从 16 岁开始到 70 岁，就可以读近 20 万页的书。如果读书得法，这近 20 万页书就足以使你成为某一方面的专家了。

对零散时间的利用，要用之得当。从单纯数量上讲，一定量的零散时间之和就是等量的大段时间。但是，由于工作的性质和内容不同，对于大段时间和零散时间的要求也是不一样的。例如，一门系统知识的学习，对大段时间要求较多，因为学习一种知识，有一个"入门、渐入、深入"的过程，零散时间是不易完成这一过程的。在这种情况下，一些零散时间的合并与积累，就不等于等量的大段时间。但有些学习内容却适合于零散时间，例如记外语单词，连续背几小时的效果，还不如用分散在一天中的几个一二十分钟。可见，零时整用，也要用之得当，用之不当，就会得之不足。

零碎时间大致有两种类型，其一是不可预见的零碎时间，事前思想并无准备。如与某人进行约会时，由于对方临时有事或某种原因不能按时赴约，让你需要等一段时间——15 分钟或 30 分钟；又例如你排长队买东西时，也要消耗掉一段时间；到饭店进餐时，从点菜到菜上桌还要等上一段时间。

其二是可以预见的零散时间，事先有思想准备，知道需要多长时间。比如，常常乘坐火车或者飞机的人，在大厅等候的时间，这是可以预见的，当然更应当有效利用的则是在火车上、飞机上的时间，这也是可以预见的时间，还有开会前等待的那一段时间等。

如果每天你的零碎时间只有 2 小时，也不要轻易忽视它，2 小时的业余时间有些人会认为不足挂齿，经常白白地消磨过去。但假若你每天利用这些时间进行学习的话，按 70 年计算，扣除学龄前 7 年，就是 45990 个小时，合 5748 个学习日，相当于比上学 15 年还多的学习时间。

即使你每天只抓紧一个小时的业余时间学习，那么一年也有 365 小时，合计为 45 个学习日。试想一下，在一年中你无形地增加了一个半月的学习时间，将会给你的事业带来多大的价值。

　　绝不能小瞧这些零星的剩余时间。而且，凡是有成就的人，都是能巧妙而有效地利用空闲和零碎时间的人。把零碎的时间用起来，算是间接地让自己的时间多了起来，可以完成更多的工作，也算是一种省时高效。

立即投入，高速度等于高效率

如果有什么需要明天做的事，最好现在就开始。

时间每分每秒都在流逝，从不以我们的意志为转移，工作中的时间更是如此。所以，要想在有限的时间内完成任务，就需要我们紧紧抓住每一分钟。而如果你想要让工作实现高效率，比别人更出色，就需要赶在别人前面，抢占成功的先机。换句话说，在工作中，速度绝对是创造高效率的最大法宝。对于企业来说，速度就是在市场上立足的有力保障。

在海尔的一次内部会议上，海尔公司董事长张瑞敏给大家提出了一道智力题：怎样才能让石头漂在水面上？

对于这个问题，回答是五花八门。

"用质量轻的假石头？"

"下面用东西托着石头？"

"用绳子拴住？"

……

对这些答案，张瑞敏一直摇头。直到有一个答案出现。

"速度！"

张瑞敏这才露出了满意的笑容，点了点头。

要让石头漂于水面，那就靠快速运动。其实"打水漂"的原理就是这个。快速投出石头，小石头打在水面上，给水一个力，根据作用力与反作用力的原理，水面会给小石头一个反作用力，石头就会短暂地飘在水面上了。这不仅仅是因为石头体积小的缘故，也是因为我们给了它一个足够快且有方向的速度。

在这个信息飞速发展的时代，企业要想在市场中立足，速度是必不可少的法宝。如果你不能在第一时间以最快的速度满足客户的需求，那么即使你曾经是业界的霸主，也很可能会被拉下第一的位置，甚至遭遇市场的淘汰。

因此，在工作中，任何的拖延、怠慢都会成为你创造效率的绊脚石，一个做事拖沓的员工绝不会创造最佳的效率。在刚接到一项新的任务时，我们难免会有各种恐惧的想法"我能不能完成任务？""我有这个能力完成任务吗？"等等。但只要我们克服心理上的种种恐惧，让自己的心态日益成熟起来，并在第一时间认认真真地去做，就没什么好怕的。工作完成之后，你有可能会发现：最终的结果离我们要的效率不会相差太大，甚至会超过我们的预期。总之，对于工作，我们立刻去做，绝对是获得效率的最好方法。

在如今这个追求效率的年代，最重要的就是要在最短的时间内得到最佳的效率，因为市场的竞争就是这样残酷，我们已没有多余的时间去犹豫。现代企业中流行着这样一句话："先开枪，后瞄准。"意思是说，即使其结果不如人所愿，也比没有结果来得实在。所谓实践出真知，有行动能力的人，永远是先行动再说。

完美的结果，永远来自于长期的努力和行动。我们一旦认准了目标，就要去冲刺。在我们快速行进的过程中，自会取得一点一滴的收获，最终累积成硕果。拖延时间是一种非常恶劣的习惯，我们应该时刻以一种积极的心态，克服自身的惰性，严格限定自己的工作时间，并极力争取把任务完成在规定期限的前一天。

在斯帕克很小的时候，父亲就经常教导他不要拖延，立刻行动起来。

斯帕克的父亲原本出生在一个贫穷的小镇上，他在二十岁的时候离开家乡，去大城市里奋斗。他来到了堪萨斯州。当时他唯一的"财产"就是一条小破船。为了能够让自己在这里活下去，他干各种各样的脏活、累活，可是工钱没领到，还被几个街头小混混打了一顿。面对这样的窘境，他一度想过乘着自己的小船回到贫穷的家乡去。可是那样就意味着自己将永远生活在穷困潦倒之中。于是，他决定留下，为了生存，他又立刻去找工作，把小船卖掉。立刻行动，这是他现在唯一的选择。

他想干什么，就立刻去干，几年后，他终于有了自己的事业，并且在堪萨斯州站稳了脚跟。他告诉斯帕克："如果你没有动力去做自己想做的事情，就把自己逼到绝境上去，当你到了不得不做的时候，你就只剩下了一种选择，那就是马上行动起来，一刻也不能拖延。"

在现实生活中，有很多工作是不能拖延的，可是年轻人却习惯给自己找出各种理由，一拖再拖。要知道，"明日复明日，明日并不多"，很多事情只要你马上去做，就会变得易于解决。而且在你真正付出行动之后，效率也自然会跟着提高。

专家经过调查后发现，现在的年轻人或多或少都存在着拖延的心态与习惯，想要提高自己的工作效率，治愈自己的"拖延症"，就要做到以下几点。

1. 奖励自己

你可以给自己一些奖励，比如有一周的时间没有拖延，就请自己去享受一顿美食，或者允许自己放松一下，从而让自己拥有继续坚持的动力。要知道，你在拖延中所耗费的时间和精力，足以让你将那件事情做好。

2. 提醒自己最后的工作期限

不断提醒自己最后的工作期限。这也是那些成功人士经常做的事情。在老板看来，提前完成任务比按时完成任务的员工值得依赖，也更具有前途。

3. 提高团队意识

提高自己的团队意识，要将自己放在团队中进行思考，这样也能够避免拖延行为的发生。因为你一个人的拖延，可能会影响整个团队的工作进度，甚至让整个团队陷入僵局之中。

4. 老板永远不会等你

你必须记住一个真理，那就是"老板永远不会等你"。特别是在快节奏的今天，拖延就意味损失，而老板大多都是心急之人，为了让自己的员工发挥出最大的价值，他们会想出一切办法，可是却不愿意花一秒钟的时间用在等待上。

也许有人会说我只是在一些小事情上拖延一些，但日积月累，仍然很影响个人发展。有些事情自己清楚地知道应该去做，但是却下不了决心，一拖再拖，拖延症迟早会把你拖垮。会让你错过很多机遇，也会让你与成功失之交臂。

比尔·盖茨在《拥抱未来》一书中最后总结道："在 20 世纪末叶，全世界的企业，全世界的产业都集中在一个叫企业重组的理念上，这个理念 10 年不衰。21 世纪的时候，最为关键的用语不再是企业重组了，而是与生存相关的词——速度。我们要非常清楚地看到，一个能够继续生存，而且将来能基业长青的赢家，其制胜法宝就是速度。没有速度，企业和个人就没业绩可言，也就没有了核心竞争力。"

总之，在时间决定一切的今天，速度就是第一竞争力，别人快，比别人更快，你才能跑在市场的前面；没有人跑得过你，你就是行业的第一。速度是员工赢得竞争，创造业绩的重要法宝，而业绩又是企业生存的根本，所以想要在企业生存，我们一定要有速度。日本著名企业家盛田昭夫说："我们慢，不是因为我们不快，而是因为对手更快。商场如战场，战机稍纵即逝，因此时间就是生产力。员工的反应速度决定企业的反应速度。"因此，对企业员工来说，"最理想的任务完成期是昨天"。对老板所交代的工作，要争取在第一时间内进行处理，争取早点完成工作，让老板放心。

主动创新，提高工作效率

不创新，就死亡。

很多著名的企业都把创新作为企业文化的核心，毕竟，在竞争如此激烈的市场环境中，企业若没有主动创新的支持，根本无法应对瞬息万变的市场环境，更无法保证企业得到长足的发展。对于企业中的员工，也是同样的道理。一个员工的创新精神，不能一味地依赖企业的号召，更不能完全依赖企业提供的创新氛围，要学会在工作中主动创新，主动寻找改变工作方式、提高工作效率的方法。

在很多大城市，出现了很多"共享"品牌。最普遍的就是随处可见的共享单车了，单车品类有 ofo 小黄车、摩拜单车、骑呗小绿车、酷骑单车等，随着共享单车的发展，现在还有了共享雨伞。最近，聚美优品 CEO 陈欧又提出共享充电宝品牌"街电"……这些共享品牌就是一种创新，在方便人们生活的同时，还提高了人们工作和生活的效率。

王传福作为一个技术出身的企业家，他对企业建设的成功经验，不仅体现在对技术的执着追求，更体现在他敢于创新的实际行动。正是抱着这样的信念，创立于 1995 年的比亚迪公司，已经从初期的二十几人发展到二十几万人的生产规模，成为横跨 IT、汽车和新能源三大产业的国际化企业。

回顾比亚迪二十几年的发展史，王传福表示："发展永无止境，创新也永无止境，要想企业能够长期地发展下去，就要不畏惧任何技术难题，要打破常规，敢想、敢干、敢竞争，用持续的创新不断去创造业绩，实现梦想。"

比亚迪在深圳以 IT 行业起家，主要业务包括二次充电电池、充电器、电声产品、连接器等，但是王传福并没有满足于眼前的成功，而是看准时机，积极寻求突破。当充电电池产业被国外的企业占据大部分市场时，比亚迪开始自主研发充电电池的设备和工艺，这一举动不仅打破了充电电池这一块被外国企业垄断的格局，更让比亚迪成为全球主要的充电电池制造商之一。当外界都在为比亚迪的传奇神话感到惊讶和震撼时，富有开拓精神的王传福已经将目标转向了更具市场前景的汽车行业。在夺得自主品牌汽车销量冠军之后，比亚迪又开始研发大型的汽车电池，使企业整体竞争力又提高了一个水平。王传福说，比亚迪的精神就在于拥有一直创新的激情。在技术改变世界的今天，更应该在坚定自主研发科技产品的同时，让创新成为企业文化的重要组成部分。

坚持创新之道，让比亚迪顺利进入竞争早已白热化的汽车行业，并通过更进一步的创新使自己获得竞争优势。而对于员工来说，创新是我们遇到瓶颈和困难时的有效解决方法。

张全民，曾在某电力技术设备公司的加工车间工作了 20 多年，积累了丰富的工作经验，当提到"创新经验"时，他仍然抱着朴实的态度说道："车间工作，无处不创新。"

张全民在车间工作期间，深刻感受到基层的创新空间很大，因为各种产品层出不穷，生产需要的各种零部件每天都在更新换代，无论是工艺流程方面还是加工方法方面都需要不断地创新，以不断地提升产品的品质。

在张全民所在的电力设备制造领域，国内的产品制造和国外的相比，在可靠性和稳定性方面差距很大，即使按照同样的图纸制造，国外的产品也会比国内的可靠，原因是国内工人对工艺的观念还仅仅停留在生产上，不能够将研发、工艺和生产这三个重要的环节有机地结合起来。

张全民在车间工作时，公司引进了一台当时最先进的机器——数控机床。张全民对于这个新物件儿很是痴迷，在不断熟悉它的工作特点的同时，还深入研究数控机床的生产原理和制造模式，并且针对数控机床的断路器部件进行工艺上的改进，通过不断设计新的加工方案来提高加工效率。在张全民的不断努力下，成功制造出断路器的成品，为车间的加工生产提高了3倍以上的效率。同时，张全民还大力改进东芝产品的加工程序，将其中很多重要的零部件重新设计，实现了大量零部件的国产化，不仅提高了生产效率，而且为企业节约大笔的成本。张全民说，员工的主动创新和被动创新产生的结果是完全不一样的。主动的创新首先是一种思想意识上的创新，它会带领员工主动发现工作中的问题，然后找寻办法解决问题，渐渐地将创新作为工作上的一种习惯。

企业中总是存在优秀的员工和懈怠的员工，优秀的员工懂得在困难面前积极主动地改变思维模式，找寻解决问题的方法，用更新颖的方式解决问题，而懈怠的员工则只能墨守成规，按照固有的思维模式工作，不懂得根据客观环境的变换而灵活运用方法，最后只能是面对困难束手无策，在工作的竞争中被无情地淘汰。想要成为积极创新的员工，不妨参考下面的几点意见，或许对于正处于迷茫之中的你能够有所帮助。

1. 专注于最擅长的事

想要创新之前，首先要明白自己的优点和兴趣点在哪。人无完人，有的人可能有好的想法，但是执行力较差，而有的人看似没什么灵感，却可以将方案完美地执行。按照自己的性格不同，在自己擅长的领域进行创新，这样才能让员工各自专注于擅长的事情，最大限度地发挥自身优势，彼此之间相互配合，也会激发更多有价值的创新，使团队内部形成持续创新的动力。

2. 坚持探索精神

创新是需要一个发展过程的，因此每一位员工都要尽量从知识的学习和积累开始。在学习和积累知识的同时，不断培养自己的创新意识。经过时间的沉淀和经验的积累，可以尝试着去探索一些新问题、新方法，也可以尝试一个新领域。随着探索过程的深入，员工的主动创新性会不断提高，每日的工作不仅可以圆满完成，还会思考如何改进工作方法，如何提高工作效率等一系列问题。在坚持探索的过程中，主动创新的意识会逐渐变成创新能力的铺垫，为更长远的发展打下坚实基础。

3. 重视团队合作

创新追求的是不拘一格，是富有个性化的见解，也就是说，每一个员工对于工作、对于企业发展、对于解决问题都要有一套符合自己个性的思维方式。但是，在主动创新的过程中，团队的作用也是不容小觑的。同事之间的互相讨论，可以互相激发创造的灵感，而且还可以博采众长，从他人的观点和想法中得到启发，发现自己思维中的死角，从而完善自己的创新。

另外，对于企业来说，也可以发挥团队合作的模式。将具有创新思维的员工召集到一起，进行一场头脑风暴，让他们互相阐述自己的想法，然后互相评论，发表各自的看法。这样不但会不断强化员工的主动创新意识，还会为员工提供心理上的有力支持，给员工营造一个轻松、愉快的创新空间。

今日事，今日毕

我以为世间最可贵的就是"今"，最易丧失的也是"今"。因为它最容易丧失，所以更觉得它宝贵。

现代社会是一个各行各业都快速发展的社会，任何事情都刻不容缓，而在职场中更是这样。如果你对自己的职责稍加怠慢，可能就会为企业带来严重的损失。

有一家公司的老板要远赴海外出差，并且要在一个国际性的商务会谈上发表演说。因此，他身边的几名工作人员忙得晕头转向，因为这些人必须要把老板远赴海外出差所需的各种物件都准备妥当，其中最重要的就是一份演讲稿。

就在这名老板即将出发的那天早上，各个部门的主管一起前来送机。其中一名主管询问另一个部门主管说："你负责的文件准备好了吗？"

这名主管揉着惺忪的睡眼，说道："昨天晚上准备文件整得太晚了，还没整完我就熬不住睡着了。反正我所负责的文件都是以英文的形式撰写的，咱们老板也看不懂英文，更不可能在飞机上熟悉一遍。等他上了飞机之后，我再回公司去把剩下的文件准备好，再以电信的方式传过去就可以了，保证万无一失。"

　　没想到，就在这时候老板来到机场，他最着急的一件事就是找到这名主管，说："把你负责预备的那份文件和数据交给我。"这名主管不禁目瞪口呆，张口结舌地说不出话来，最后他只得低着头按照自己刚才的想法回答了老板。老板一听，顿时怒上心头，脸色大变："怎么会这样？你对自己的工作太不负责任了，交代给你的任务怎么能不按时完成呢？我本来已经计划好利用在飞机上的时间，与同行的外籍顾问研究一下自己的报告和数据，不白白浪费坐飞机的时间，你真是太让我失望了！"这名主管听到老总真的动了怒，不禁吓得脸色惨白。

　　果然，没过几天，这位对自己的工作拖拖拉拉、不负责任的主管就被辞退了。

　　在一个企业里，我们经常会碰到像这名主管一样的员工，像他这种做事不讲究效率的人迟早会为公司带来麻烦，被辞退也是早晚的事。

　　通用电气前任 CEO 杰克·韦尔奇曾经说过："假如我们希望能够在一个脚步不断加快的世界中取得胜利，那么，我们就必须加快我们的速度。速度就是一切，它是竞争力中必不可少的要素，快节奏能够使企业与人们保持年轻。"的确，昨天是张作废的支票，明天是尚未兑现的期票，只有今天才是现金并具有流通的价值。而我们所能够把握和支配的也只有今天，只有在今天将该做的事情做完，才不至于拖延到明天甚至更久远的时间去完成。

　　沃尔玛的创始人沃尔顿曾经提出过非常著名的"日落原则"。这一原则是这样说的：在这个忙碌的地方，大家的工作相互关联，日落前完成当天的事情是我们的做事标准。无论是楼下打来的电话，还是来自国内其他分店的申请需求，我们都应该当天答复。

　　一个周末的晚上，此时沃尔玛店已经没有其他顾客，也到了关门的时候了。这时，有一家人进入了店内。店员凯莉问他们需要什么。原来，这家人刚搬来这里，但是发现住的地方没有水，他们想买一根水管。凯莉清楚自己的店里现在没有他们想要的那种水管，虽然已经到了下班时间，但是，凯莉仍然打了好几个电话帮助他们订购所需的水管。后来，凯莉终于从一家管道商那里找到了所要的水管。她不仅与同事一起帮客户挑选合适的水管，还将水管送到顾客所住的别墅里，一直到帮助他们将水管安装好，并看到水管里流出水来才离开，而此时都已经到午夜 12 点多了。

沃尔玛店员的热情服务深深打动了顾客。这名顾客不禁感叹道："真没见过这样干脆利索，又这样热情的店员！"

正是沃尔玛的员工们这种做事丝毫不怠慢而又对工作满怀热忱的精神，使得沃尔玛发展壮大，遍布世界各地。

生活或者工作中患有"拖延症"的人比比皆是，而且一不小心你也会被它"拖垮"。

"明天？你是说明天？我不要听。明天是个一毛不拔的吝啬鬼，它用虚假的许诺、期待和希望，大量剥削你的财富。它开给你的是永远无法兑现的空头支票。在亘古不变的时间长河中，明天是个永远都找不到的狡猾家伙，只有傻瓜才会对它念念不忘、情有独钟。"这是科顿写的一首关于"拖延"的现代诗。

在科顿的诗里，"明天"不仅仅是一种时间上的单位，更是一种指代，也许是下一分钟，也许是下一个小时，也许是一天之后，也许很久很久。"明天"确实是一个拥有丰富内涵的词，它的外表如此华丽，随时被人们挂在嘴边，随时可以出现在各种场合。

其实，我们几乎每天都有工作要做，而将一切今天可以做的事情延后到"明天"的情形，都可以称之为"拖延"。那些只知道等待明天的人，永远无法将今天紧握在手中。而那些站在人生巅峰的成功人士，最懂得"明日复明日，明日并不多"的道理。

许多年轻人都拥有理想和憧憬，可是真正付诸实际行动的却很少。他们总是将自己的工作计划拖延至"明天"，这样自然会让自己的事业毁于一旦。如果你到过哈佛的图书馆，就会看到这样一句话：不要将今日之事拖延到明日。这也就是我们经常会听到的"今日事今日毕"，不过在工作中能够真正做到这一点的年轻人又有多少呢？

我们看到，一些患有严重拖延症的年轻人很难把今天的事情全部完成，他们更喜欢为自己找来千万种理由——我真的太累了！工作任务太繁重！我不能因为工作而失去生活！反正任务不着急……这种喜欢给自己寻找理由的年轻人随处可见，他们习惯了这样的逃避，并且依赖于这种阿Q式的精神支柱。

英国作家狄更斯曾经说过："永远不要把你今天可以做的事留到明天做。拖延是偷光阴的贼。抓住他吧！"因此，那些总是在抱怨时间不够用，或者付出的努力都变成"瞎忙"的年轻人，都应该懂得时间是成功的第一基础，想要充分地利用好时间，就要学会立刻行动，绝不拖延。也许当你有了真正的行动之后，会发现自己的能力远远不止于此。

只有能够做到"今日事，今日毕"，按时完成工作任务的人，人们才能够相信他能保质保量地完成自己的工作，他也才能够在业绩上取得突破性的进展。一个强大的企业是由诸多高效率的员工组成的，在工作中能立即行动去完成自己的工作任务，不仅决定着企业的成败，也与员工的个人利益息息相关。因此，从现在开始，立即行动去完成今天应该完成的任务，做一个今日事今日毕的有效率的高效员工吧！

第八章

善于沟通：
熟知沟通技巧，做职场达人

在职场上，我们总是专注于自己的工作，而常常忽略了自己沟通能力的培养。其实，沟通也是工作中十分需要的一项特殊技能。沟通能力强的人，擅于调动各种力量，集中所有人的智慧办事，把工作协调好，并且办好。熟知沟通技巧，才能做一个"八面玲珑"的职场达人。

沟通真谛：把话说到对方心里

应该由心来操纵舌头，而不是由舌头来操纵心。

在工作中善于沟通，会让我们减少不必要的折腾，让工作更高效。而善于沟通的秘诀就是，你要读懂对方的心，说让对方舒服的话，做让对方感觉舒服的事。只要能懂对方的心，再难的事情也能办成。而如果不懂对方的心，这样的沟通就是浪费时间，不但不利于工作，反而让你事倍功半，举步维艰。要做好工作，我们就要善于沟通，让工作事半功倍。

善于沟通的人就像一把钥匙，能把坚实的大锁说得动"心"。你看那挂在大门上的铁锁，蛮干的人费了九牛二虎之力，还是无法将它撬开。而钥匙不动声色，细长的身子钻进锁孔，只轻轻一转，大锁就"听话"地打开了。为什么会这样？答案就是钥匙了解锁的"芯"。

现代职场竞争激烈，我们经常抱怨上司如何难打交道，同事如何难相处，下属如何难管理，客户如何难伺候……总而言之，就是工作难干、低效。然而造成自己被动工作的关键就是不善于沟通。工作要想高效，就不要按照自己的意志去硬来，而是要了解对方的心，像钥匙那样，了解领导的心，这样你才知道领导想让你把工作做到什么程度他才满意。

李青来到这个公司做副总时，工作时间还不到五年，而且之前他所在的是小公司，是只管着四五个人的部门主管。而现在公司里的员工，不但在公司工作了十多年，而且工作能力和经验也非常出色。大家自然不会轻易服从这个"毛头小子"的领导。所以，他刚上任时，公司就有许多人不服他。

为了避免工作中出现误会，李青决定事前跟下属沟通。于是，他特意设立了一个时间段让下属们向他汇报工作。

几乎出乎所有人的意料，当大家怀着"我比你行"的心情进去时，出来时都是一脸佩服的表情，而有的进去时是愁容满面，出来的时候却眉开眼笑。

是什么让大家在这么短的时间内就服从了李青呢？答案就是沟通。

李青先私下把下属担心的难题调查清楚，在叫下属谈心的时候不等下属开口，就说出下属的心思。比如，××，我听说你爱人在××做文字工作，正好我有个朋友在报社工作，那里很缺编辑，你和你爱人商量一下，看想不想来这发展，这样你们就不用两地分居了；××，你的业务能力大家都是有目共睹的，咱们公司不会埋没人才的，你好好工作，我找个机会向领导举荐你……

就这样，在不到一个月的时间里，这些资历老的员工就认可了李青，同时对李青的管理能力也佩服得五体投地。李青很快成了最受他们欢迎的领导。

李青善于沟通的要点就是，能把话说到对方的心里，这在无形当中，一方面鼓舞了对方的工作积极性，工作自然会变得更高效；另一方面，亲切随和的他，也会让员工更乐意与他多沟通。如果我们在工作中，用李青这样的沟通方法，把话说到同事心里去，工作一定会做好。

工作中，如果不能和同事有效沟通，可能会引起许多误会而遭到排挤；如果不能和上司有效沟通，你的能力和优势很容易被上司忽视；你听不懂上司的弦外之音，很可能会遭到上司的责骂，甚至被"打入冷宫"。

沟通能力强的人能通过较强的沟通协调能力，弥补其他方面的不足，擅于调动各种力量，集中所有人的智慧办事，把工作做到最好。

传达有效信息、上下言行一致以及提高组织信任度是沟通能力的关键点。在与他人沟通的过程中，尽量使用对方乐于接受的方式，让接受者更容易理解。有时候，沟通一次往往不能达到沟通的目的，就需要反复沟通，直到达到目的。

在职场上，善于沟通就好比是一座桥，让我们直线走过去到达目的地，可见其作用不可忽视。由此我们发现，沟通在整个工作过程中起着承上启下、举足轻重、相辅相成的作用，因此，沟通至关重要。那些善于沟通的人，总是能很好地处理工作中的关系，正确领会上级的真实意图，并高效地完成工作任务。

同事之间，说话有度，交往有节

说话周到比雄辩好，措辞适当比恭维好。

　　身处职场，我们不可能只埋头工作，与同事搞好关系也是当今职场生存的必修课，而恭维话正是影响你与同事关系的关键性因素之一。很多人认为恭维是贬义词，就是"拍马屁"，这其实有失公允，我们不能简单将恭维视为庸俗、虚伪。发自内心的、真诚的恭维话总是能被人接受的，对方也是乐于接受的。但并不是每个人都能将恭维话说好。

　　张鑫在办公室门口看见同事穿了一套新西服，立刻上前和对方套近乎，左一句"品位高"，右一句"英俊帅气"，办公室里的人都看热闹似的偷笑，弄得同事很尴尬，急忙找理由走开了。张鑫就是一个不会说恭维话的人，那么，怎样才能把话说得打动人心，而不招人厌恶呢？

　　首先，话说得不能太离谱、太夸张，一定要基于实际情况。如果一个人身高不足一米七，你非要夸他身材高大，反而会让人觉得你讲的是反话。

　　其次，说话时要能抓住重点，说到人家心坎里。

　　最后，说话时要拿捏好分寸，一旦说过头，就会给人留下虚伪的印象。

我们在职场中不仅需要礼貌、热情的语言，还需要掌握较高的语言表达技巧。切合实际的夸奖，既不会降低身份，又能沟通感情，拉近彼此的距离。

不随便谈论同事的短处。工作中，同事们闲谈时总喜欢说些有趣的事情来排遣上班的疲惫，这样的幽默是受到大家欢迎的。可是有的人总喜欢拿同事的短处说笑，这就是不尊重人的表现，也很容易引起矛盾。

以别人的隐私、过失、缺陷作为乐趣和笑料的人，以别人的短处来换取笑声、寻开心的人都是不道德的。每个人都有长处，也有短处，拿同事的短处取乐是不明智的，极易使人反感，甚至引起冲突。我们为什么非要拿同事的短处取乐呢？要知道，这种欢笑是建立在别人的痛苦之上的，不仅伤害了他人的自尊心，还会给他人带来苦恼和怨恨。这也会使你结下怨恨，不利于今后的工作和人际交往。

生活中可谈论的话题和可笑的题材取之不尽，我们要克服谈论同事的短处，这样才能获得良好的人际关系，受到同事的尊重。

对每个同事说话都要宽容。工作中，同事之间不免有意见不合的情况出现。发生摩擦的时候，我们应该学会宽容地对待周围的同事。宽容大度是一种胸怀，胸怀广阔的人从不会为一点小事斤斤计较，争吵不休。多一些宽容，就少一些算计；多一份宽容，就多一份友爱。

王芳和丽美一同完成一项经理交代的工作。工作完成后，王芳因公务要立刻出差，就把工作总结与报表留给丽美。但丽美一时疏忽，在向经理汇报工作时把王芳负责的一份报表弄丢了。经理很是生气，情急之下，丽美就把责任推给王芳，说她可能忘记做了。因为事关重大，经理把正在出差的王芳调回。回来后，王芳莫名其妙地挨了经理一顿训斥，仔细询问后，才明白事情的原委，她立刻向经理解释了原因，又及时补上一份报表，这才消除了误会。事后，丽美觉得愧对王芳，就刻意躲避。王芳知道后便主动找到丽美，对她说："过去的事就让它过去，别太在意了，咱俩还是好同事、好朋友。"王芳的宽容之心感动了丽美，两人的关系又近一层。

当与同事意见不合时，不要急着反驳，而要耐心倾听对方的意见，对合理的地方要表示认同，对不妥的地方要委婉地提出自己的想法，只有相互沟通才能相互提升。同事所犯的错误有时候可能会给你的精神或是利益上带来一定伤害，但若因此就反目、结怨，会给今后的人际关系和工作都带来严重的影响。如果你能以一颗宽容的心化解僵局，不仅给人大度的感觉，还能化敌为友。

领导面前，懂得如何说

言行在于美，不在于多。

工作中，自然会遇到不顺的事情，而将抱怨都发泄在领导身上是最愚蠢的做法。抱怨虽能在短时期内发泄你心中的不满，但造成的后果却很严重。

小蕊在公司工作了大半年，可是工资还是没有任何变化，心中不免有些怨言。平日里，她就旁敲侧击地跟经理提工资的问题，可经理却一直装傻。一天，办公室里就小蕊和经理两人，小蕊故意对经理抱怨说房费又涨了、物价又高了，言外之意是要求领导涨工资。但经理只是笑着对她说："别抱怨了，大家工资都差不多。"小蕊瞪大双眼，满是怀疑地说："怎么可能呢！我比 ×× 就少好几百元呢，至于经理你的就不知道高出我多少倍了。大家做的工作都一样，工资待遇怎么差那么多？要说工作经验，我也不比别人少啊……"小蕊把心中的不满全都吐露了出来。而经理面对激动的小蕊并没有多说什么。

第二天，同事们相继找小蕊说自己工资的事情，弄得小蕊很不好意思。于是，她找到经理说："你有话直接跟我说就行，不用让同事跟我说！"经理把脸一沉，生气地说："没有哪个老板喜欢总是抱怨的员工，你要是觉得受委屈就另谋高就，我们小庙供不起你这大神！"小蕊无话可说，辞职而去。小蕊的抱怨使她丢掉了工作，其实她也知道向领导抱怨是不应该，对领导说偏激的话更是不应该。

永远不要在领导面前抱怨，你的领导没有时间也不愿意听你的抱怨，千万别沦为抱怨型员工。即使你对领导有什么不满，也要懂得委婉地提出你的要求，毕竟领导需要维护好自己在下属前的面子。过激的举动往往解决不了问题，还会使问题更加严重，到头来吃亏的还是自己。所以，为了自己的前途，请收起你满腹的抱怨，踏踏实实地做事，快快乐乐地做人。

很多时候，领导会犯主观主义错误，把不该下属做的事理所当然地安排给下属，把一些不合理的要求当成员工的分内工作。可能，领导的出发点是好的，想重点培养你或是给你更多的机会，但是可能是他对你的能力不够了解，而布置了不合理的任务。

小柳在一家外贸公司工作。因为小柳为人热心，工作认真，加上她又是公司最漂亮的单身女孩，上司觉得她很有潜质，有意栽培她，所以，每次约见重要客户的时候，上司都会带着小柳，小柳已经成了公司里有名的"交际花"。

刚开始的时候，小柳很感激上司，但是渐渐的，小柳发现除了谈生意，上司还会要求她陪客户去唱歌、泡温泉。这种应酬最直接的"后果"，是小柳经常被一些真心或假意的男人骚扰。小柳每次想拒绝，上司都会发话说："这是重要客户，不要得罪他们。"很多时候，小柳都忍着，不知道该如何拒绝上司，该如何拒绝客户。

一次，小柳在工作中认识了一位三十多岁的"钻石王老五"刘总，刘总不仅在见面的时候会对小柳说一些暧昧的话，还频频向小柳发出私约邀请。出于不得罪的规矩，小柳只好随叫必到。渐渐地，刘总的爱情攻势更加猛烈，由于在工作上还有求于人，小柳不好把关系弄得太僵，不禁进退两难。

一个周末，刘总又以工作为由，把小柳约了出来，硬逼着让小柳表态。小柳只好告诉他已经有男朋友了，没想到刘总哈哈大笑起来："我早就问过你们老板了，他说你还是单身。"小柳对于上司随便泄露自己隐私的做法很不认同，费了好大的功夫才脱了身。

小柳想来想去，决定和上司好好地谈谈。她找到上司，开门见山地说道："老板，我很感谢您对我的栽培，能得到您的器重，是我的福分。可是，我不喜欢这样的工作方式，我不是交际花，如果工作需要我去出席某种场合，那么我可以去，但是像这样的骚扰我不希望再有。我想，每个人都需要自己的私人空间，我也希望您能尊重我的隐私，不要将我的私人情况告诉给客户。这段时间我觉得很累，想好好休息一下，您能不能给我三天假期，让我好好清静一下？"

上司有些吃惊地看了看小柳，没想到向来少言温顺的她会说出这么一番话。不过他很快地点点头，微笑着对她说："你的休假我准许了。另外是我考虑不周，让你为难了！"

身在职场，很多人都对老板提出的不合理的"工作任务"感同身受。明明想拒绝，但是因为觉得这是上边派下来的任务，只能"量力而为"。这样处理就显得软弱了。那么我们应该如何合理拒绝上级领导派下来的这种"工作任务"呢？

1. 忌讳马上说"不"

当上级领导给你布置了一项职责外的工作任务时，不能当面拒绝，马上说"不"，这让上司的面子很挂不住，会激起上司强烈的不满情绪。遇到这样的情况，首先要按捺住自己情绪，感谢上司的厚爱，然后找理由委婉拒绝。比如："谢谢老板厚爱，我也特别想去，但是我现在正在赶一项新工作，要得急，您看……"

2. 说了不该说的话，马上道歉

假如你没有控制住自己的冲动情绪，说了不该说的话，要马上请求原谅，如果可以，给出妥善的解决办法。一般情况下，当下属低头道歉时，上级领导会对自己的行为做出反省，这有利于缓和你和上级的关系。

3. 讲出你的短处

一般来说，上司让你办事都是因为相信你有解决问题的能力，对你抱有期望。你可以适当地讲一讲自己的短处，这样能降低上司的期望，同时也能为你的拒绝找到很好的解释。在拒绝时，你可以采取先肯定后拒绝的策略，给对方一个"软着陆"的机会。"软着陆"多用连接词来承上启下，例如，"我知道，您这是给我机会表现，我也很感激您。不过……"等。"软着陆"后最好要"打一巴掌揉一揉"，为上司寻找其他的人选和解决方案，这样不仅能消除因拒绝给对方带来的不快，你还会给上司留下一个顾全大局的好印象。

4. 给领导提意见时，注意措辞

对于领导的有些安排不满，向他提意见时，一定要注意自己的态度和措辞。首先应该表示理解公司的立场，然后再详细说明自己的意见，要让上司改变主意，最重要的就是取得他的理解。

大部分当领导的人都是比较爱面子的，特别是在下属面前。如果他在公共场合遭遇尴尬，定会令他非常沮丧难堪。在这个时候，作为下属的你要是能站出来帮领导解围，缓和一下尴尬的气氛，领导会对你心存感激的。相反，你要是在旁边看笑话或是只想着让自己摆脱干系，那么领导对你的印象将会大打折扣。

领导无论身居什么样的要职，无论具有多高的学识、多丰富的阅历，也不可避免地会遭遇尴尬。此时，作为一个机警的下属，要及时为领导解围，打圆场。这样做不仅能获得领导更多的赏识和信任，还能培养自己为人处世的智慧。

不做职场流言蜚语的"搬运工"

流丸止于瓯史，流言止于知者。

　　职场中，这样的员工最受欢迎：他们远离流言蜚语，靠自己的实力办事，他们实实在在做事，老老实实做人，从不偷奸耍滑，从不要嘴皮子。对于他们来说，工作不只是谋生的手段，而是自己人生的一项事业。为了追求事业上的成功，他们不惜付出艰苦的劳动，在工作中尽职尽责。少说话、多做事，是这类员工身上最明显的标志，他们以无声的行动诠释着一个优秀员工最朴实的品质。这样的员工在工作中会认真履行自己的岗位职责，把自己的工作做到尽善尽美，从而为企业创造最大的价值，同时也实现了自己的职业目标。

　　在工作中，每一位员工都会或多或少地遇到一些阻力，会出现棘手的问题，遇到难以解决的困难。既然出现了问题，就应该主动想办法解决，并找到解决困难的办法，想方设法把工作做好。可是，有些员工总喜欢将困难挂在嘴边，唠唠叨叨说个没完，似乎不说出来，就显示不出自己的工作价值，仿佛动动嘴皮子，就能解决工作上的困难，就能做好工作一样。殊不知，他们牢骚越多，就越暴露出他们的缺点，越能证明这些人缺乏处理问题的实际能力，缺乏自主工作的精神。

杨媛媛是一个爱说不爱做的员工。杨媛媛人长得漂亮、心地也善良，毕业后便在一家旅行社当文员，但爱说大话这个毛病似乎掩盖了她的一切优点。

杨媛媛到办公室的第一件事，恐怕就是寻找聊天对象了。不管别人理不理她，也不管别人高兴不高兴，她照样自说自话；无论其他同事聊什么话题，她也一定要插嘴。几天时间，公司里的人几乎都被迫了解了她的出身、来历以及她的兴趣爱好。后来，她说的话题越来越广泛，内容也越来越敏感。本来公司的气氛挺好的，自从杨媛媛来后，同事间的关系变得十分微妙。因为她会给大家带来一些"悄悄话"或是"内部消息"，而且不止对一个人透露，这让大家之间充满猜忌。

对工作的牢骚更是没完没了，如果她听说某人将要升迁，就开始抱怨不停："提升他啊，他业绩还不如我呢，只不过人家会巴结而已。"

工作上一旦遇到困难，她的抱怨就会更多，什么领导故意刁难，同事不配合，自己没有做过这样的事情、没有经验，等等，仿佛她苦大仇深、满世界的人都对不起她似的，整个办公室的气氛被她搞得乌烟瘴气，本来很温馨、和睦的地方，却变得很压抑。有的同事因此向老板递交了辞职报告。这些写辞职报告的人，都是勤奋工作、有很好工作业绩的人，老板自然不会放他们走。于是，杨媛媛就成了被辞退的对象。

身在职场，就要以做好自己的工作为最大的责任。凡事不经脑子，一味图一时口快，喜欢不负责任地乱说话，不认真工作，没有实干精神，这样的人注定不受大家欢迎，也不会拥有成功的职业生涯。

在平时的工作中，有的员工踏实肯干、快速成长，成为公司里的业务骨干，成为职场精英；而有些员工却还在原地踏步、荒度人生、满腹牢骚、抱怨不停。

这两种员工形成了鲜明的对比，给职场中的我们以深刻启示：勤勉、努力、高效务实的员工才最受欢迎。那些油腔滑调、偷奸耍滑、敷衍应付、不踏实工作的人，必定是职场的失败者。

措辞妥当，巧言挽回失误

语言是没有硝烟的战争，说得好就能赢得人心，说得不好就能招来"杀身之祸"。

亡羊补牢的成语故事可谓家喻户晓了，大家都知道亡羊后的补救措施在于怎么把"牢"补上。我们生活在一个人与人构成的社会当中，交流是必要的，既然要说话，难免有口误，尤其是在办公室这样一个特殊的环境里，说错话的情况并不少见，甚至我们会无意间在上司面前说错话。

当你在上司面前言行失误时，心里不要紧张和恐慌，这时关键是要施以巧言挽回失误。

青青和同事聊天时，开玩笑说上司看起来像个机器人，不巧的是，上司正路过这边，恰好听到了这句话。青青后悔万分，但是她立马解释说："老板，对不起，我说你像一个机器人，并不是说你为人冷漠，不近人情，我其实是在开玩笑。因为你工作认真负责，一丝不苟，只是有时会跟我们有些疏远，我说'机器人'，只是为了简洁描述我的感情，绝没有不尊重您的意思，还请您谅解，我以后一定会注意自己的言行。"

面对如此合情合理的解释和真心诚意的检讨，青青的上司听完后很感动，非但没有生气还当即表态，以后要多跟员工亲近，做个善解人意、通情达理的好领导。

青青的巧妙解释化解了一场即将到来的争吵，还获得了上司的好感，而有些人在领导面前失言后，只会一味地自我谴责、自我羞辱，低声下气地道歉乞求原谅，但是结果并不乐观。有些情况，并不是一句简单的"对不起"就能解决的，道歉是一定的，但是要坦率地认错，更重要的是，要在道歉中将事情的来龙去脉讲清楚，充分与上司沟通，巧妙地化解上司的怒气，只有这样，上司才有可能不计较你的失误，这样也就解决了自己言行失误带来的危机。

若是在与同事的交往中，因为言行不当造成不必要的误会，我们要积极寻求解决的办法，避免关系恶化。首先，误会或许千奇百怪，但能当面说清楚的务必要当面澄清，这是最简洁方便，也是最有效的方法，而大部分人也都愿意接受这种解决方式。所以，一旦与对方产生误会，尽可能去找到他并向其解释清楚，不可以因顾及面子找各种借口，一定要战胜自己的懦弱，亲自澄清误会，表明心迹。

再者，消除误会一定要选择一个好的时机。当你想要与对方解释清楚缘由时，要顾及当事人的情绪、心境等情感状况。如果对方处于心情愉快、精神放松的状态中，那么他的心胸这时候也会很宽广，可能就不会跟你计较那么多，正所谓"人逢喜事精神爽"，所以澄清误会时最好选对方升职加薪、遇到开心事情的时候，如果你能抓住这种时机，你们消除误会、重归于好的概率会大大增加。

最后，如果双方的误解涉及方方面面，单凭个人解决问题，可能会受到诸多的限制，因为自己无法解释清楚其中的缘由，这时候就该搬救兵，请同事帮忙解释，彻底搞清状况。但是，也不能过于兴师动众，叫上一群人大费口舌地解释。有时候，误会不方便直接说出口，而双方心里又有隔阂，没办法正常沟通，你就可以让同事出马为你们提供一个友好交流的机会，在和谐顺畅的氛围中，心理上的生疏感会减少很多，那么许多的误会就会很快消除。

职场上，误会不可避免，但是当你说错话时，一定要及时补救。和同事产生误会时，特别是由于自身的原因产生了误会，千万不能刻意回避，否则误会越滚越大，问题就越来越严重，那么最终只能两败俱伤。

第九章

注重结果：
不是完成任务，而是做出成果

一个优秀的员工不能仅仅满足于完成任务，更应该注重的是要不断地挑战自我，出色地完成任务，做出成果。好员工要展示自己的工作业绩，不在于展示自己的工作过程，而在于展示自己的工作成果，拿着成果来复命，才能向企业展现你的价值。

执行就是为结果而战

判断一个人当然不是看他的声明，而是看他的行动，不是看他自称如何如何，而是看他做些什么和结果怎样。

或许，老板交代你的任务，你能很快执行并完成了，但是你执行好了吗？如果你只是完成了，而没有考虑结果够不够好，你就不算好员工。在很多人的思想中，都将"完成"等同于"做"，只要去"做"就算"完成"了，结果好不好不知道。殊不知，正确的"完成"不只是"做"，还要"做对""做好""做到最棒"。执行工作就是为结果而战。

有一个美国军人退役后回到家乡到处找工作，可是因为伤残连续被拒。没有灰心的他继续找工作，这天他来到一个木材公司，同样的，他又被公司的人事部拒绝了。他想办法找到了这家公司的副总，用请求的语气希望公司能给他一份任务，而他保证能完成任务。副总裁见他意志坚定，又充满信心，于是就答应让他试试。

副总把美国中部区域的业务交给了他。这里的业务简直糟糕透了，人际关系复杂，再加上贷款久置未追回，很多人都没能改善这个糟糕的情况。但是，经过几个月的努力，这个退伍军人居然把遗留的问题都一一解决了，让人觉得不可思议。

董事长也听说了这件事，便把他叫到自己的办公室，笑着对他说："这个周六我要去外地参加一个妹妹的婚礼，想请你帮我买个蓝色的瓶子送她当作礼物……"退伍军人听得很仔细，记住了关于花瓶的一切，同样保证完成任务。

可是，当他按照董事长说的地址去找的时候，却发现那地址根本不存在。在这种情况下，如果是我们，通常会怎么办呢？我们很可能会对上级说："对不起，您给的地址不存在，我没办法完成您交代的任务。"这会是多数员工面对这种情况做出的正常反应。但是这个军人，他向董事长保证过自己一定完成任务。因为他已经作了承诺，所以他必须要让董事长得到他们事先约定的结果。他结合黄页信息提示，再加上用扫街的方式进行地毯式搜索，终于在很远的地方找到了老板描述的那家商店。可当他赶到那里的时候，发现这家商店已经关门了。于是，他就想办法找到了这家商店店长的电话，可是电话打通之后，对方只说了一句"我在度假"，就挂断了电话。最后他实在没有别的办法，就又一次给这家商店的店长打电话。这一次电话打通之后，他不等那个店长说话就先一口气说清了自己的意图，他说："您好，我以一个军人的名义担保，我一定要买到您店里的那个蓝色花瓶。因为我答应了我的董事长保证完成这项任务，这是我许下的承诺，我必须做到，所以请您务必帮帮忙。"

店长被他的诚挚感动了，答应把那个花瓶卖给他。但是，当他终于拿到花瓶的时候，老板已经乘坐火车出发了。于是，新的问题出现了，怎样把这个来之不易的花瓶送给董事长呢？最终，他找到了一个愿意把私人飞机租借给他的朋友，他乘着私人飞机到达了老板妹妹所在城市的机场，然后又从机场开车赶到了火车站。董事长乘坐的火车才刚刚抵达，他小心翼翼地把那个蓝色花瓶送到了从火车上款步走下来的董事长面前，轻描淡写地说了一句："董事长，这就是您要的蓝色花瓶。祝您的妹妹新婚快乐！也祝您周末愉快！"之后，便转身离开了。

这件事之后，在一个星期一的上午，董事长再一次把他叫到自己面前，面带笑容地说："恭喜你！完成了一件不可能完成的任务。其实公司最近几年一直在寻找能担任远东地区总裁的人选，那是公司最重要的一个职位。所以我们一定要慎重地挑选一个最有价值的员工来担任。在过去的寻找过程中，我们用了很多方法一直都没有找到合适的人选。后来顾问公司为我们出了一个叫作'蓝色花瓶'的测试，以此考验员工能不能迎接未来巨大的挑战。在所有待选的职业经理中，你是唯一一个通过测试的人。所有的一切，都是我们对你的测试。不管怎样，你已经非常出色地完成了这项任务。所以现在我正式任命你为本公司远东地区的总裁。"

作为员工，我们几乎每天都在接受这样的测试。在我们想成为最好的员工的过程中，每一次测试可能都充满了挑战、和挫折。不管你经历了什么，绝大多数情况下，老板要的只是一个结果。如果结果不是他想要的，那么你的努力也就白费了。因此，作为一个有执行力的员工，一定要做到结果至上。

工作不是做事，是做成事

选择做一件事，就一定要认认真真做好，不能有半点马虎。与其做了没做好，或者做到一半不做，那还不如一开始就不去做这件事。

一般来说，每个行业、每家企业都有自己的标准，员工必须按标准执行，差一点也是不达标。作为一个工作态度认真、执行力强的人，永远都不会讲"差不多""过得去""还可以"这样的话。

所以说，执行不仅仅是"做事"，更关键的在于"做成事"。那么，"做事"和"做成事"有什么区别呢？我们先来看看台湾著名作家刘墉教育女儿的故事。

刘墉先生把正在玩耍的女儿叫过来，递给她一把洒水壶，让她浇花。女儿三下两下就浇完了，准备接着玩。刘墉叫住女儿问："你仔细看看你浇的花和爸爸浇的花有什么不同？"

女儿伸着脖子看了看，摇摇头。

此时，刘墉什么话也没说，而是把刚刚浇的花连根拔起。这时，女儿一眼就看出了区别。原来爸爸浇的水已经浸透了花的根部，而自己浇的花的根部仍然干巴巴的。

"做事一定要做彻底，做到'根'上，不能只顾表面。"刘墉对女儿说道。

满足于做事，而不是做成事，为了应付任务，草草地交出结果绝不是一名好员工。

王清和徐康是大学同学，他们在上学期间成绩就不相上下，也同在学生会担任学生干部。毕业后，他们一起到一家知名企业做实习生，并成功地转正成为正式职工。然而，一次偶然的机会，王清发现和他一同转正的徐康竟然比自己多拿500块钱的工资，这是为什么呢？他百思不得其解。但也不好提出异议，只能在自己心里窝火。

一次，上司交给王清一项工作任务，要他加一下班尽快完成，因为第二天就要用到。他答应了，然而不巧的是，当天朋友就给他打电话说有烦心事，要找他聊一下。王清很重哥们儿义气，就答应了，说："没问题，一定准时到。"这样，朋友的事就和自己的工作相冲突了，怎么办呢？王清想了一下，决定尽快把这个任务完成，之后就赶紧去朋友那里，所以，他就马马虎虎地应付完了这份工作，心想以自己的实力，应付出来的都比一般员工的强。

就这样，第二天一上班，他就向上司提交了工作任务。没想到，中午，上司就把他叫到办公室，狠狠地批评了他，因为他做的方案太潦草、错字连篇，逻辑也很不严密。因为在气头上，所以上司的话就重了一些。可是没有想到的是，王清正在因工资低的问题纠结，这下也就不管不顾了，对上司说："你嫌我做得不好，你找徐康做啊！他的工资比我高了500，肯定比我做得好啊！你怎么不找他呢？多拿钱不多干活。"

上司听了这话，没和他解释什么，就让他回到工作岗位上了。王清心想："你心虚了吧，不给你提出来，提到点子上，你就对我吆五喝六的。"

不一会儿，上司就把王清和徐康一同叫到了办公室，对他们说："咱们公司人力资源部最近准备请某位知名人士来为员工做一次演讲，你们分别帮我了解一下这个名人的资料，把你们找到的资料在明天下班前交给我。"

接下了任务，王清和徐康就各自回到了工作岗位上。名人的资料还不好找吗？网上有很多，王清不费力就找到了，然后把找到的资料进行了简单的组合，就交给了上司。而徐康也是在网上找到的资料，但他想到上司要这些资料的目的，并不是要特别了解这个人，而是要知道这个人的脾气秉性，如何接待他，需要注意哪些方面，等等，于是，他不只是对资料做了整合，还让它变得清晰有条理，更难得的是，他还提出了自己的看法。

上司指着王清和徐康分别提交的东西，对王清说："这就是你的工资低于他的原因。不要盯着任务本身不放，不但应该完成任务，更应该让结果圆满。"王清恍然大悟，明白了自己同徐康的差距。

徐康显然是公司喜欢的员工类型，他不只是做了事，而且是做成了事，完成了老板的指令，达到了他想要的结果。不但要做事，而且要做成事，只有做到这样，才能把工作越做越好，越做越让上司满意，更能让自己取得进步。

在工作中，上司一旦下达命令，就能够按时完成工作任务的员工就是一个合格称职的员工，这是人们普遍的想法。事实上，仅仅满足于完成任务的员工只是一名合格的员工，但不是好员工。许多人会有这样的疑问：完成任务还不算是好员工，那么还要达到什么样的要求才算是好员工呢？也有人觉得：公司又不是我个人的，任务也不是我个人的，我只要能按要求完成任务就足够了。岂不知，许多员工之所以不能成为好员工的原因，就在于此。

公司需要通过种种形式来使员工为公司创造利润，创造出利润就是一个结果，不创造出这个利润，公司负担不起员工的工资和日常的开销，它的存在还有什么意义呢？所以公司追求结果所带来的效益和成绩是必然的，企业通过支付工资的形式来获得员工的劳动结果，而不是劳动过程，公司不是在考验你是否努力工作，而是在看你是否能拿出工作的成果。如果一个员工只是停留在完成任务，不保证结果，那么为这个结果所做的努力有什么用处呢？公司不需要你做出苦劳，却没有结果。任何一项任务的布置都是向着结果出发的，没有了结果的完成任务只能算是在做无用功，这并不是上司想要的，对企业的发展也毫无用处。

工作中，员工很容易被"完成任务"这四个字迷惑，忘记了"结果"的重要性，完成任务并不等于做出一个好结果，完成任务和做出成果是完全不同的两种心态，也会呈现出完全不同的两种结果，给上司的感受和给公司带来的收益也会完全不同。

此外，只有不满足于"完成任务"的员工才能把工作越做越好，进而让自己越来越出色，成为一个好员工。因为不满足于停留在只是完成工作任务这个层面上，而是寻求更好地完成工作任务，所以就会不断地反思、调整，以求找出更好更快地完成任务的办法，提高工作效率，既节省了自己的时间，又能够提高企业的整体经济效益。

有很多员工认为，在企业中，任劳任怨、尽职尽责、加班加点地工作就可以让自己成为一个好员工，这种观点是非常片面的。加班加点是一种非常不好的工作习惯，为什么在有限的工作时间内完不成工作任务呢？经常加班加点的员工应该仔细认真地考虑一下问题出在哪里，并想方设法地减少工作时间，提高工作效率，以使工作任务在有限的工作时间内保质保量地完成。不抬头思考，只是为了工作任务而工作的工作方式，实在是害人不浅。

梁晓明新进入一家公司工作，这家公司在业界享有盛誉，所以他很珍惜这份工作机会。为了证明自己的敬业精神和对这份工作的珍惜，他经常加班加点地工作，同事有完不成的工作任务，他也很乐意帮忙。这样，同事们因他的乐于助人、勤奋踏实都很喜欢他。

然而，在梁晓明这样加班加点地工作了两周之后，自己的心理状态越来越糟糕，开始后悔自己这样做，并产生了抱怨的心理。有一天，上司把他叫到了办公室，对他说："我看到你非常努力地工作，感到你对这份工作的珍惜，很感动。但是，我不得不告诉你，咱们公司是不提倡加班加点的。"听到这儿，梁晓明很疑惑，心想："我加班加点是在为公司创造收益，怎么还做错了？"上司看出了他的困惑，继续说道："公司希望每一位员工都能够聪明地工作，比如，今天你做某项工作时花费了两个小时的时间，那么事后就要思考一下，再做这个工作时可不可以缩短工作时间呢？不要满足于完成任务，而是要找出提高工作效率的方法，这是一个好员工必须具备的素质。一个员工找到了方法，大家学会了，就会提高整体的工作效率，对自己和公司都是再好不过的事。"梁晓明听后，诚挚地说："非常感谢您的指点，我明白了。"

这个案例说明了不要只满足于完成工作任务的益处。如果只是完成工作任务，却不去追寻如何更快更好地完成工作，常常会使自己陷入疲于应对的状态中，进而容易进入恶性循环，失去工作的乐趣，这就得不偿失了。完成工作任务不是终点，它只是工作的起点。

只满足于完成工作任务的员工不是一个好员工，一方面是因为这样的员工经常将做事和做成事相混淆，进而做不出上司和企业想要的结果和成绩；另一方面是因为这样的员工容易停留在完成工作任务这个层面上，不能积极主动地寻找更好的完成方法，容易对工作的理解出现偏颇，失去工作的乐趣，对企业创造的成果也就会仅限于完成工作任务的层面上，不能带来更大更多的收益。

其实，在工作中执行任务和浇花是一样的道理。如果在执行的时候不认真细致、不注重结果，那么做了就跟没做一样，不会产生任何结果，宝贵的时间还会因此白白浪费。

别为过错找理由

抛弃找借口的习惯，你就会在工作中学会大量的解决问题的技巧，这样借口就会离你越来越远，而成功就会离你越来越近。

有一位法国的思想家曾经说过这么一句话："人是什么？人是一种最会为自己找借口的动物。"这句话听起来可能有些偏激，但是仔细想想就会发现确实如此。一个人只要找借口，就会有找不完的借口，这样做的结果就是在困难面前退缩，停滞不前。

工作中也会遇到这种情况，很多人都把下面的这些话经常挂在嘴边，"这个工作太难了，我做不下去了。""这本来就不是我的错，凭什么要我认错。""我没有时间。"……也许他们还没有意识到，当他们习惯了用这样的方法安慰自己的时候，他们正在渐渐地走下坡路。

在一个规模不是很大的公司，原来老板规定的上班时间是九点，可是执行了一段时间之后老板发现，不断有员工迟到。老板是体谅员工的，他觉得是路上堵车的缘故，所以特地将上班时间往后调了半个小时，规定九点半上班，但是仍然发现每天有员工迟到。

于是，老板在公司设置了打卡机，只要九点半一到，再打卡就算迟到。老板以身作则，每天都按时到公司，并且准时打卡。在公司每月的例会上，老板会点名批评那些总是迟到的员工。那些因为迟到被点名批评的员工就在背地里抱怨老板说："老板住那么近，当然可以做到不迟到了，也不想想我们每天几点起，花几个小时的时间到，又是上班高峰期，又是转几次车的，怎么能按时到达呢？"

公司里有个员工住得也挺远的，但是他每天早半个小时出门，因此也就可以早到十几分钟，从来没有迟到过。有人对他说："你都住到郊区了吧，那也挺远的，老板又那么器重你，你晚到一会没关系的。"但是他却说："我住得远不远是我自己的问题，和老板没有任何关系，也不能成为迟到的借口，如果总是给自己找借口，就是住到公司也还是会迟到。"

后来，老板了解了他是一个不为自己找借口的员工，而且工作上表现出色，因此得到了老板的提拔，成为公司的管理人员。

每个人在工作中都会遇到各种各样的问题，对此，有两种选择。第一种是找借口回避问题；第二种是想方设法地解决问题。你对待问题的态度不一样，自然取得的结果也不相同。如果你找借口，当时你是感觉到了解脱，可算是摆脱那个难缠的问题了，但是你想过后果吗？碰到这个问题你逃避了，那要是遇到下一个难题的时候，你会勇往直前地去克服，去找方法解决吗？如果下一个问题你还是选择逃避，那你打算什么时候振作起来，什么时候能够坚强地面对问题呢？既然你能下决心去解决下一个问题，那为什么你不先从这个问题下手呢？你解决完了这个问题，获得了战胜问题的勇气，积累了克服困难的经验，等碰到下一个问题时，你就能不费吹灰之力地克服了。

另外也不要以为有些事情太困难了你办不到，这只是你心里一直排斥尽心尽力地去做那件事情，总是给自己找借口来推脱。然而你有没有意识到，也许这对你来说是困难的事情对别人来说就是机会呢？别人要是办成了，能够给老板一个很好的交代，那你失去的是不是比他得到的更多呢？本来是属于你的为什么就不去争取呢？难道你就甘心把大好的表现机会让给别人，就因为自己的那个"我办不到"的借口，让老板也看扁你吗？过错可以改正，困难可以克服，但无论如何，千万不要动不动就给自己找借口。

当你养成了凡事找借口的坏习惯，也就意味着你认清不了自己，开始自欺欺人了。在工作中一旦你不知反省自己，不去寻找解决的方法，却用无数理由为自己辩解的话，你离被炒鱿鱼也不远了。

李佳在上学的时候，学习成绩就一直很优异，毕业之后她留在了北京，在一家证券公司做会计。李佳不仅人长得的漂亮而且工作成绩也很好，在生活中有很多男孩追她，最后她和本公司的一个年轻有为、在国外留过学而且家境也很好的帅哥开始交往。自从谈恋爱之后，李佳变了，首先在着装上更加注重打扮了，她经常在上班的时间偷看一些时尚杂志，或者是坐在办公桌前补妆，这样耽误了很多手头的工作，但她却总是给自己找借口说："没关系的，就耽误一点时间，之前我做得那么好，那么辛苦，现在也应该休息一下了。"

但是好景不长，一段时间之后，那个男孩就提出了分手，原因是男孩又喜欢上了公司中的另一个女孩。这使得李佳很伤心，也很生气，她觉得自己很失败，连自己喜欢的男孩都留不住，那自己还有什么魅力可言？就这样她整天都胡思乱想，工作起来也是浑浑噩噩的，不但工作效率下去了，而且还经常在做账的时候出错。为了这事，她的主管没少说她，但是她依然给自己找借口说："没事的，反正就错了这一次，又不是什么大错误，下次注意不就可以了吗？主管也太能小题大做了，事情哪有他说的那么严重啊。"就这样，不知悔改的李佳工作的态度越来越不好，现在她已经把找借口当成了一种习惯，总是找出各种各样的借口来为自己开脱。最后她被开除了，原因是她在做账的时候少写了一个零，导致公司损失了很大的利益，老板觉得她这人已经到了无可救药的地步，于是就把她给辞掉了。

身在职场，你要明白的是，老板最讨厌做错事找借口的人了。明明可以做得很好的一件事，由于自己的问题出现差错，不但不反省，还非要找来各种借口来为自己开脱，在这个过程中你只想到了你自己，把所有的过错都归结到别人的身上，永远都意识不到自己的问题，那么你永远都不会改变。

人们做错事总喜欢为自己找借口，找到了借口，就会觉得错得有理了。这是对自己不负责任的表现。我们不能为失败找借口，要学会为成功找方法。自己没做好，就要找原因：到底为什么失败，是自己没有做好，还是有其他外界的原因？一次失败总结原因，注意把失败的原因改过来，争取下一次成功。"做错任何事都不要找借口"，这句话鞭策人们勇于承担错误，不推卸责任，做一个有上进心、有责任感的人。一个真正想成功的人是没有任何借口的。所以，在工作中当你面对困难的时候，无论做什么事，只要不为自己找借口，那些原来看似难以解决的问题，其实都能找到解决的办法。只要你不去回避问题，就肯定会有出路的，久而久之，在你的生活里就没有所谓的困难了，因为本身你就是不可战胜的。

成功其实很简单，就是不断地克服前进中的难题，不怕你做不到，就怕你给自己找借口。

做一个"零缺陷"的完美主义员工

人生追求完美，定能做出一番不平凡的业绩，定能体现出生命的价值及意义。

追求完美的品质是每一个好员工都应该认可和追求的一种理念，追求完美并不是强人所难，更不是一根筋，而是一种非常好的工作准则。每一个好员工都应该是一个"完美主义者"。只有追求完美，才能把自己的工作做好、做到位，并以称职为起点，把工作做得超出预期，让上司对你刮目相看，让同事对你佩服不已，让你的才华得到最大化的施展，更能让你在对自己的高要求中羽翼更加丰满，在事业上取得更好的成就。

但凡成功人士都非常清楚，出色的工作成果同合格的工作成果往往只差一点点，对于一个产品而言，可能仅仅是一个细节上的失误；对于一份策划案，可能仅仅差一个点子；对于一个客户谈判，可能仅仅因为说错一句话……就是因为这样小小的缺陷，这些在很多人眼中微乎其微、不值一提的小缺陷，让你无法创造出优秀的产品、提交一份出色的策划案，以及在同其他企业的竞争中赢得客户的信任，等等。不追求完美的员工，往往难以得到机会的垂青，同成功失之交臂。所以，好员工追求工作上的完美，一定会把工作做得尽善尽美。

　　李兰杰和赵生生在同一家公司工作，李兰杰只是一名普通员工，而赵生生却是公司的优秀员工，能够为客户提供出优秀的策划方案，赢得客户的信赖，经常获得老板的称赞。李兰杰一直很认真地工作，自己也搞不清楚为什么不能成为赵生生那样的优秀员工，这个疑问让他很苦恼，但也不便问什么。

　　一次，老板让李兰杰和赵生生各提交一份策划案，或是二选一或是将两份方案加以取优整合。李兰杰和赵生生接到任务后，都认真地查阅资料，了解客户需求，最后都向老板提供了自己认为最棒的策划案。可是，最后老板采纳了赵生生的策划案，并打算发给他一笔奖金。而李兰杰看到最终策划案时，吃了一惊。因为赵生生的策划案和自己的也差不多，李兰杰怀疑老板是因为某种原因偏袒赵生生，而抹杀了自己的功绩。他越想越生气，不明白老板为什么要这样做。最后，他决定去找老板谈谈，了解一下老板的想法。

　　李兰杰来到老板的办公室，询问为何选择了赵生生的策划案。老板笑着说："已经猜到了你会来找我。"接着，把赵生生的策划案交给李兰杰，说："你看看，赵生生的策划案比你的有什么优点？"李兰杰仔细看了一遍回答说："嗯，就是思路更加顺畅，用词更加准确精辟，比我的更完满些。""是啊，比之你的，赵生生的更完美，从词汇到整体的深度，都比你的要优秀。那么，我是不是就应该选择他的策划案呢？"老板说道，"对待工作，要追求完美，千万不要以为自己已经做到最好了。"李兰杰点点头，走出了老板办公室。从那时起，他就树立了"追求完美"的工作理念。罗素·H.康威尔说："成功的秘诀无他，不过是凡事都自我要求达到极致的表现而已。"

　　这个案例说明了追求完美的重要性，即便是思路如出一辙，也会有高低优劣之分。凡事都存在比较，好员工都应该是"完美主义者"。

　　徐春晓在一家知名企业工作，他所在的企业一直都推行"零缺陷"的工作原则，对员工的要求特别严苛。徐春晓在试用期过了的时候，就同公司签了一份《工作保证书》，保证书上明确了对员工的要求，员工必须严格遵守合同操作，否则就会受到相应的惩罚。

起初，徐春晓以为这份合同只是走形式的，但很快他就发现，这是公司非常重视的。公司领导认为：尽管不存在完美无缺，但也要把追求完美无缺作为公司奋斗的目标。公司希望每一位员工都能够以大局意识为前提，做一个"完美主义者"，把自己的工作做到完美无缺。

追求"完美"，这样的字眼对于徐春晓来说，是很难接受的，更确切一点来说，是感觉完全没有必要，甚至有些厌恶。谁能做到完美呢？完美是存在的吗？追求完美是一个纯粹的无稽之举。徐春晓一直都是这样认为的，在工作上追求的就是差不多就行了。但后来的一件事改变了他的这个想法。

一次，公司引进了一批新设备，徐春晓作为工程师，在设备安装检测时发现有一个螺丝歪了，但这个螺丝的紧固度并没有什么问题。他认为这没有什么大不了的，就没放在心上。于是，这个设备就投入了使用。然而，两个月之后，这个新设备却不运转了。公司赶紧请来专家进行检查，发现是一枚螺丝钉脱落，夹在了设备中。

于是公司进行了调查，找到了徐春晓，问他情况。他完全没有想到这个小螺丝钉竟使一台机器停止运转，幸好没有造成其他的损害。公司罚了徐春晓1000元钱，还对检验部的负责人进行了处罚。通过这件事，徐春晓吸取了教训，重新认真读了一遍刚刚走上工作岗位时签的那份《工作保证书》，并在自己以后的工作中贯彻"零缺陷"理念，追求"完美无缺"。

在很多人看来，徐春晓所在的公司未免过于严苛，但是，每一个人都需要清楚的是，任何一个小纰漏，都可能造成重大的损失。不把"完美主义"落实到刀刃上，其后果不堪设想。从徐春晓的案例中，我们需要确立追求完美无缺的工作准则，在自己的工作中，严格要求自己，让自己成为一个工作中的"完美主义者"。

在工作中成为一个"完美主义者"并没有什么不好，甚至可以说好员工都是"完美主义者"。有些人也许觉得就是一些小问题，没必要太计较，可是生活工作中这些小问题往往会导致不同的结果，一个小问题的忽略，甚至会引起最坏的结果。工作上的追求完美并不是一种苛求或是钻死胡同，而是一种非常好的工作品质。唯有追求完美，你才能对自己有一个高要求，才能以一个高水准开展工作，工作上的事多问问自己是否能够做得更好、更到位。

美国大学篮球传奇教练约翰·伍登也说："成功，就是知道自己已经倾注全力，达到自己能够达到的最极致的境界。"尽管要追求完美，却不是让员工不分轻重缓急地对待工作任务，如果没有大局观，失去了平衡，就会落入偏执的境地。好员工会合理地分配自己的精力，以争取在有限的时间内对每一项工作都做到追求完美。追求完美是一个优秀的工作品质。一个好员工应该做到着眼于大处，用心于细节，不放过一丝一毫的瑕疵，追求零缺陷，做一个"完美主义者"。

好员工把称职当作起点，把卓越看作目标

做事要有个原则：想到要做一件事，就一定要做到，而且要做得彻底。

很久以前，有兄弟三人，他们随父母居住在深山老林中。童年是美好的，有清新的空气、葱郁的树林、高歌的鸟儿、活泼的昆虫……在与自然紧密地融合中，生活简单而幸福。然而，三兄弟不可能一直停留在童年无忧无虑的生活中，他们长大了，开始不满足于贫穷，不满足于荒凉，不满足于辛苦的劳作。于是，这三兄弟整理行囊，告别父母，准备到外面的世界闯荡一番，想在那个未知的世界里有一番作为，娶妻生子，成家立业。

他们翻过了很多高山，穿过了很多河流，见到了很多不同的人和动物。一日，他们走到了一个村落里，这是一个能歌善舞的民族，对外来的客人也非常热情。在一个篝火晚会上，三兄弟中的大哥找到了一个温柔美丽的女子，他对其他两兄弟说："这个村落真是太好了，比咱们的家还要美。你们看，这些善良朴实的人们，他们是多么无忧无虑、怡然自得啊！在这里生活，我好像回到了童年一样。再看我的爱人，柔情似水，我愿意永远在这里陪着她。"于是，老大决定留在这里，守着心爱的姑娘，守着这个村庄，不再前行。而另外两个兄

弟却不能赞成大哥的想法，他们不甘心停留于此，只好摇了摇头，继续前行。

两兄弟继续翻山越岭，眼界越来越宽广，他们来到了一座城市，商铺林立，叫卖声此起彼伏，过路人络绎不绝，人声鼎沸，热闹不已。兄弟中的老二被这繁华热闹的景象迷住了，他决定留在一家包子铺做伙计，他一边嘲笑着大哥的目光短浅，一边沾沾自喜地劝着三弟："我不打算继续走下去了，这就是我想要的生活，在这个繁华的地方，每天都可以见到形形色色的人，每天都有很多人来买包子，我以后也开一家包子铺，一直生活在这里。你也留下吧。"而老三却摇了摇头，说："不，这并不是我想要的生活，我相信一定还有更好的生活。你留在这里吧，我独自上路。"

说完，他执着地大踏步前行了……后来，他也路过了很多地方，可是仍然没有为了眼前的安逸美好停下来。他为了实现自己的目标一直往前走着，哪怕遇到挫折，也从没想过要停下。最后功夫不负有心人，他得到了比两位哥哥更好的生活，人生的价值也得以最大化的实现。

这是一则寓言。看完这则寓言，想必有很多人会思考：三兄弟各自的命运为何不同？其实，这不是上苍决定的，而是三兄弟自己。他们满足的东西不同，追求的东西不同，自然结果也就不同。老大很容易满足，生活自在轻松即可；老二希望见到更美的风景，更多的人，希望耳边时刻有新鲜的资讯，不甘于寂寞；老三追求卓越，为了更好，甘愿寂寞，坚持不懈地追求，所以他到达的领域更加宽广开阔。

兄弟三人的不同追求，就如同企业中不同追求的三种人。第一种人把称职当作目标，他们对工作的态度是勉力为之，虽然勤恳认真，却甘于最低点，不求进步，只求安稳，不求挑战，只求舒心。这样，事业的成就也就仅止于如此，甚至偶尔一松劲儿、一泄气，就容易滑落到不称职的境地之中。这类人要想进步就应该调整心态，树立信心，积极充电，敢于迎接挑战，不甘于现状，锐意进取，必要时可以把自己的想法同上司沟通，以求在职场中成为称职的员工。

第二种人把称职当作起点，也当作终点。他们对工作的态度是尽职尽责，忠心敬业，他们对第一种人甘于平庸感到不解和惋惜，所以他会尽自己的力量把本职工作做好，并力争上游，他们有着称职的员工所拥有的所有优良品质，只是没有长久的斗志，稍有进步便会沾沾自喜，失去更进一步的动力。企业中像第二种人这样的员工占大多数，他们构成了企业平稳发展的力量。第二种人并没有什么大毛病，只是容易满足，经常不能准确地估计自我的实力，忽高忽低，如果想更进一步就应该充分估计自身的价值，树立追求卓越的目标，勇往直前。

而第三种人把称职当作起点，把卓越当作目标。他们目标远大，志向高远，所以他们能够在职场中取得更高的成绩。他们远远高于称职的层级，而是向着更加卓越迈进。这样的员工是企业中的好员工，是领导者，是把工作视为生命的员工，他们不是为了别人工作，而是为了自己，他们追求完美，追求精益求精，他们高效地做事，让自己变得无可替代，是企业中最受欢迎的人。

在职场中，每个人的追求不尽相同，而你就在这三种人之中，究竟是哪一种呢？准备做哪一种呢？

称职的员工是有一定的标准的，体现在日常的工作中就是：一要守时守制，即不迟到，不早退，遵守公司制度，不徇私舞弊，欺上瞒下；二要立即执行，即上司安排给你的任务，要没有借口地高效认真完成，做事做到位，不拖沓懒散；三要尽职尽责，勇于承担责任，勤奋，忠诚，主动，团结，互助，合作。只有这样，才能被称为称职。

优秀的员工是能够以称职为起点，把卓越当作目标的人。一个没有事业心、没有责任心的人，就难以承担自己的工作职责。不能兢兢业业地认真完成工作任务的人绝不是一个称职的员工，离优秀更是相差十万八千里；而一个有责任心，有阅历，忠诚、敬业，能够做好本职工作的员工可以称得上是一个称职的员工，却不一定是一个优秀的员工。

有人会说，称职是最大的荣誉，何苦去追求所谓的卓越呢？既累身又累心，既累己又累人。其实不然, 只有确立最佳的工作标准, 确立要么第一、要么唯一的工作目标, 才能力争上游, 把工作做得更好、更出色。只有在追求卓越这个目标的指引下, 你才能保住称职, 并争取在自己的事业上有很高的成就。

用结果去证明，拿业绩来说话

业绩是职业荣耀的基础，结果是组织发展的命脉。

美国著名企业家哈默曾经说过："天下没有坏买卖，只有蹩脚的买卖人。"不错，同样做一种生意，却总会有赚钱与不赚钱的区别，其关键就在于有没有动脑筋思考。那些懂得思考的人，总是会想出解决问题的好办法，毕竟方法总比问题多；而那些不懂得思考的人，只会一味地瞎干、蛮干，没有方法，没有目标，最终不过是徒劳无益、一场空忙而已。

很多人在职场中拼命地努力工作，却又丝毫不见成效。尽管心怀抱负，尽管拥有能力，但就是没有业绩，根本无法证明自己在公司里的价值，究其原因，就是这种人没有开动脑筋去思考问题、解决问题。

今天是小谢来百货公司上班的第一天，整整一天小谢只服务了一个顾客。正巧碰到老板来公司视察。

老板问小谢："你今天服务了多少顾客？"

"一个。"小谢说。

"怎么只有一个？"

"那营业额是多少呢？"老板继续问道。

"10万美元！"小谢问答。

老板吃惊地看着她，让她为此做出解释。

"刚开始，顾客在渔具那转来转去，我便迎了上去，经过询问，发现他需要一款鱼竿。我便给他推荐了一款鱼竿，然后又建议他试试我们新出的渔线，他觉得不错，我接着拿出配套的鱼钩，他很喜欢鱼钩的款式，也接受了。接着我问他打算去哪儿度过周末，他说去海滨钓鱼，我对他说，他应该需要一只自己的小汽艇，那样的周末会更加愉快。他愉快地接受了，并感谢我的建议。临走时，他又对我说，自己的车太小了，可能带不走快艇，我又带着他到机动车部买了一辆小卡车。"

老板目瞪口呆地上下打量着这位刚来一天的售货员，心中无比惊讶。

一个星期后，这位售货员成为本周的销售冠军。

这个故事虽然有些夸张，但却告诉我们一件事：要想在公司出类拔萃，就得懂得寻找头脑中潜藏的宝藏，并发挥其优势。不错，出色的业绩不是只靠着盲目的努力和蛮干就能够换来的，你还需要多动脑筋思考，找出问题的最佳解决办法，如果你能够做到这一点，那么自然你存在的价值就体现出来了。

一个努力寻找方法提升业绩的人，会调动自己的全部才智，以出色的业绩吸引老板的注意力。这样才能得到公司的认可，才能在职场立于不败之地。

业绩体现员工的价值。考核员工能力的标准，是员工的业绩。企业只会看重员工所取得的业绩，除此之外，别无其他考核的准则。

不管你用什么样的方式，达到了目的便算成功。在公司也是一样，在相同的环境下，只要你能创造出好的业绩，为公司赢得利润，除了得到老板的赏识和器重外，你也会获得事业上的成功。

追求成功永远是不变的真理。达到成功的方法各式各样，但选择怎样的方法去实现因人而异，最重要的是在规定的时间内到达目的地。

业绩就是员工的命根。没有业绩说什么都没用，与其抱怨客观原因，不如好好反省一下自己。因为抱怨会让一个人向消极的方向发展，不利于今后工作的进步和身心健康，最终滑向失败的深渊。无论身处什么样的环境，面对什么样的问题，都不要抱怨，一个人一旦开始抱怨，便会分散工作精力。应该学会从自己身上寻找原因，抱怨和推脱不会有任何意义。

企业永远是"利润至上"的，无论你是想加薪还是想提升，都需要拿出业绩来。只有好的业绩才具有最好的说服力。

事实胜于雄辩，抛开业绩，一切都是空谈。任何看起来华丽但无实际用处的外在因素，都不能够体现我们的内涵与价值。唯有突出的业绩才能证明自己的感恩之心与珍惜之情，永远最有说服力。

第十章

谨行俭用：
节约成本，为公司创造价值

成由节俭败由奢，企业的财物我们不能有意浪费，也不能无意识地浪费，企业的利润既是我们共同创造出来的，也是我们共同节俭出来的。一个有节约意识的好员工，要具备节约的意识，养成节约的习惯，从细小的事情上抓节约，从而为企业创造利润。

杜绝浪费，养成节约习惯

天下之事，常成于勤俭而败于奢靡。

节约，是一个关乎企业和员工未来的的大问题，不要把它当成无关紧要的小事。"节约一分钱，挖掘一分力"已经被许多企业当成创造利润的重要手段之一。纵观那些规模庞大、实力雄厚的世界知名企业的创业史我们就会发现，它们的建成与发展都不是在一朝一夕之间完成的，更不是凭空创建的，而是靠着所有员工一步一个脚印的长期努力打拼创建而成的。除了关注创造利润的既有产品之外，节约也是这些商业帝国一直遵从的原则。

作为世界 500 强企业之一的宜家家居的创始人坎普拉对节俭的理解同样十分深刻。他曾经说过这样一句话："对于任何企业来说，节约都是一种非常重要的竞争力。节约的企业往往会获得更多的成长和发展机会，获得更多的利润，从而变得更加强大，更具竞争力。如果一家企业对于成本不加理会，甚至以奢侈为荣，那么它很快就会输掉竞争，甚至失掉生存的机会。节约是企业和员工双赢的选择。"坎普拉是这样说的，也是这样做的。同时，每一个宜家员工也都做到了这一点。

有一次，时任宜家人力资源总监的常扬和宜家中国区的总经理一起出差到上海。就在他们俩站在机场的出口处等车的时候，突然有人拍了一下常扬的肩膀，常扬回头一看是昔日的一个老朋友。聊了几句之后，老朋友对常扬的做法感到有些不可思议，在他看来，像常扬这样的跨国大企业的人力资源总监，怎么会没有人来接机，而且还在机场排队等出租车。像常扬这样，为了给公司节约各种经费的员工在宜家比比皆是，而这一优良作风自然都得自于坎普拉的"真传"。坎普拉坐飞机出差时，从未坐过头等舱，而且总是自己坐出租车离开机场，经济型酒店也是他多半时候的选择。即便在宜家已经成为世界500强企业的时候，坎普拉也一直保持着节俭的作风，他至今仍然开着一辆已经用了十多年的老车。他始终坚信："省到一分钱就是赚到一分钱。"

在宜家位于瑞典南部赫尔辛堡的办公室墙上有一句十分醒目的标语——"Killa-Watt"（省一点儿）。这种近乎偏执的节俭策略不仅在宜家成了每一个员工恪守的习惯，更成了所有员工的一种工作态度。

在宜家，公司管理层的所有人都没有独立的办公室，他们都和手下的员工在一起办公，另外，他们也都没有秘书。同时，宜家不鼓励出差，只要是视频会议能解决的问题就绝不准许管理层为此飞来飞去。即便是出差，无论是谁都只能乘坐经济舱，而且不会有任何专人来机场接送。

宜家就是一直秉承着节俭的原则，然后一步步将企业成功地发展到了今天的规模。

随着微利经营时代的到来，大大小小的企业都面临着越来越严峻的生存形势。很多制造型企业的利润率仅在1%～2%之间，也就是说，100元的营业额仅能产生1～2元钱的利润。企业之间的竞争，在很大程度上也是生产成本的竞争。谁拥有低成本的优势，谁就拥有了价格的优势，自然也就能成功击败对手赢得市场，从而获得更大的利润空间。因此，节约对于企业中的每一个员工来说都是义不容辞的责任。

既然提到节约，就要杜绝一切与浪费有关的行为。身为企业的一员，每个员工都应该具备这样的意识。浪费几乎是每一个企业都很难避免的问题，如果处理不当，不仅会降低企业的利润，使企业在竞争中处于劣势，严重时还有可能威胁到企业的发展，甚至令企业陷入破产的境地。

有一次，甲乙两家大型跨国公司准备进行商谈合作，双方定下了商谈的日期。在这之前，甲公司为了显示对乙公司的重视，特地花了大量的人力物力做足了前期的准备工作。在一切准备就绪之后，便邀请乙公司的代表来考察。乙公司对此次的合作也十分重视，因此由公司总裁亲自带队前来考察。来到中国之后，乙公司总裁及其一行人在甲公司领导的陪同下，参观了某生产车间、技术中心等相关部门，对甲公司的设备、技术水平以及工作的操作水平都相当满意。

参观完毕之后，甲公司代表准备宴请对方总裁。宴会选在当地一家十分豪华的大酒楼，共有20多位甲公司的中层领导前来作陪。当乙公司总裁得知这么多的陪同人员和这么奢侈的宴会，只是为招待他一个人时，他感到十分震惊。虽然当时他并没有说什么，但在回国之后却很快发来了一份传真，拒绝了甲公司的合作。

甲公司为此感到十分不解，在考察的前期对方明明对各方面都十分满意，而且自己的招待也十分热情周到，为什么对方会莫名其妙地拒绝合作呢？于是甲公司向乙公司询问拒绝的原因，得到的回答是："你们吃一顿饭都如此浪费，我们如何能放心将资金投过来呢？"

一顿铺张浪费的晚宴，就让一笔巨额的投资付诸东流，这不能不说是一种遗憾，而造成这种遗憾的就是浪费。

每一个员工都应该做到爱企业如家，做到时时刻刻都勤俭节约，从自己身边的小事儿做起。树立"勤俭节约光荣，奢侈浪费可耻"的观念，让节约在自己周围形成一种风尚，流行在公司的每一个角落，这就是对公司最大的忠诚。

节俭务实，为企业节约每一分钱

自己当老板也好，给别人打工也罢，什么事情都应当执行勤俭的原则。

节俭是中华民族的传统美德，很多员工可能在生活中能保持节俭的良好习惯。然而，有些人当走进企业、走上工作岗位后，在工作里却一改生活中的节俭，抱着"企业的东西不用白不用"的想法，毫无顾忌地"挥霍"企业的公共资源。

企业经营的最终目的就是赚钱，公司省钱其实就是赚钱。而节约是企业经营的要点。节约要求企业全体员工养成勤俭节约的良好习惯。若是公司对企业员工的节约的行为实施一定的奖励和约束的制度，会给公司带来不可估量的巨大效益。实际上，公司员工给公司节约一分钱，就相当于为公司赢得一分钱的利润。

可能有的员工会认为这样的做法让自己"占了便宜"，然而实际上这种浪费并不能给自己带来多大的好处，但却会让企业蒙受损失，是典型"损人不利己"的行为。这样的行为之所以产生，一方面是由于有的员工总认为帮助企业节约成本不是自己分内的事，也没有义务去这样做；另一方面，有的员工可能觉得自己节约的那一点成本，企业根本不会在乎。

然而实际上，一个企业的发展和利润的提升离不开每一个员工的节俭务实，而作为一名员工也有义务去帮助企业节约每一分钱。

被称为"世界船王"的包玉刚曾说："在经营中，每节约一分钱，就会使利润增加一分，节约和利润是成正比的。"在建立了庞大的商业王国后，他依然保持着自己勤俭节约的习惯。一张纸如果只用了五分之一，那么他会把剩下的空白部分撕下来用于写其他内容。所以，别人只用了一次的一张信纸，往往会被他撕成三四张纸条用三四次。

一个生产企业往往有着成百上千名员工，可能一名员工为企业节约一点点成本看起来无关痛痒，然而如果人人都能在自己负责的工作环节节约出一点成本，那对于企业来说就相当于突然增添了一笔可观的收入。如果每个员工都能养成节俭务实的习惯，那一个企业就能避免许多不必要的开支和浪费，这是让一个企业进入良性发展、效益蒸蒸日上的关键之一。

如果想要让自己做到节俭务实，为企业节约每一分钱，我们除了要做到在生产过程中避免物料浪费这种明确写在企业规章制度里的事情外，还要培养树立自己的成本价值观念，在更多工作细节里，甚至企业、领导都没有想到的方面，去帮助企业节约成本。

树立正确的成本价值观念是做到节俭务实，帮助企业节约成本的第一步。节约成本不仅仅指节约钱，还包括物品、时间等。

在树立了正确的成本价值观念后，每个员工就该以这样的正确观念为指导，把节俭务实落实到行动中，落实到工作的每时每刻中。

别再说企业成本节约与自己毫无关系，不要再对工作中的浪费行为姑息纵容。从自己做起，为企业节约能节约的每一分钱，在所有员工的共同努力节约下，企业就能"省"出一个更美好的未来，我们员工的明天也就充满了希望。

重庆某寝饰有限公司董事长林总很擅长"吝啬之道"。林总在创业之初并没有那么顺利，从那时始就已经懂得节约成本，当时他既是公司的推销员，又担任公司的搬运工。有时候送货遇到陡坡，用不了三轮车，但是又不舍得雇货车，就自己挑着扁担送货。后来，他连续几年吃住都在厂里，没有像样的寝室，也没有像样的床，于是就把仓库当寝室，把纸箱当床。为了节省几毛钱，自己省吃俭用，曾经连续两个月吃馒头咸菜喝凉水。

老板会把自己的一分钱掰成两半去花。不少员工不把老板的钱当自己的钱，办事不节约，做事不讲效率，结果就是老板也会渐渐地把他们当成外人。如果员工拥有"老板心态"，把老板的钱当成自己的钱，凡事讲节约；把老板的事当成自己的事，凡事讲效率，老板自然会把这样的员工当成自己人。员工为企业和老板节省了资源，用小钱办了大事，老板自然会用加薪、提拔等方式作为奖励。更关键的是，拥有了老板心态，就具有了成功老板的习惯和作风，只要敢想敢为，这种员工总有一天也会大有作为。

所以，如果你暂时还不能为老板开疆拓土，建立更大的功勋，又希望赢得老板的赏识、信任和重用，那你就要从自己的工作开始，从身边的小事开始，时时注意节约，事事注意节省。尽管你的努力可能给公司省不了多少钱，但你的精神老板会十分欣赏，时间长了，你就会在老板心中树立良好的形象，老板会认为你可靠，可以把一些大事交给你，自然会给你更多的发展机会。只要你相信这条路并坚持走下去，节省成本一定是一条让你在平凡的岗位上脱颖而出的捷径。

损公肥私的事情做不得

凡是人，就不免多多少少地有些自私的欲念，这本无可厚非，只是这自私若伤害到别人，将别人损害得很重时，就该克制了。

事实上，损公肥私体现的是一个人的人品问题。在企业管理者的眼中，员工工作能力不够，可以通过培训学习再提升，只要员工肯努力，就一定会进步，但是如果人品欠佳，却是一个难以弥补的缺陷。每个老板都不希望自己的员工在人品上有问题，这不仅仅是个人的损失，更是公司的损失。损公肥私的行为正是老板最忌讳的，尽管你一时贪了公司的小便宜，最终受害的还是自己。

北京一家电子商务公司的一名销售工程师刚刚被辞退。而被辞退的原因竟是很多人都看不到的小事。到了夏天，天气热了，公司为了让员工上班有个好心情，特地从花卉市场买了一些花卉植物。每个办公室五盆。上个星期，老总去各个部门视察，发现技术部办公室只有三盆花，少了两盆。经过调查，花被技术部的一名工程师搬回家了。于是，老总毫不犹豫地辞掉了他。老总说："就算是平时表现良好，工作做得不错，可就是这一件小小的事，让我怀疑他的人品，这种人公司不要也罢。"

无独有偶，一家物流公司也出现了类似的现象。该公司的蔡总一直为自己公司居高不下的电话费伤透了脑筋。经过一番调查，原来是有人经常在公司打私人电话。没想到第二天，蔡总就碰上了高额话费的"始作俑者"。当日，蔡总加了一会班，有些晚，准备下班的时候，发现公司的员工刘某居然在用公司电话给女朋友打长途电话。后来，蔡总很快就把刘某辞退了，并且明令禁止员工再用公司电话进行长时间的私人通话。

一个人人品的好坏，有时往往是通过工作、生活中的小事流露出来的。无论企业大小，损公肥私、贪小便宜现象似乎难以杜绝：用公司的快递送点私人物品；利用晚上加班时间偷打长途电话；把公司订阅的报纸、杂志带回家；用公司的复印机复印私人文件，等等，这样的例子数不胜数。

其实，损公肥私是职场的大忌，作为一个员工，如果你整天想着把公司的东西往家里搬，那你就不能专心工作了，如果你连一点工作责任感都没有，根本就不重视自己的工作，你还怎么指望老板来重视你呢？热爱自己的工作就应该把公司当成家，而不是总是占公司的便宜，俗话说得好，占小便宜吃大亏。与其绞尽脑汁损公肥私，不如兢兢业业工作，到时候你的表现好了，业绩上去了，老板会把该给你的都给你的。

作为一名员工，如果你总是做损公肥私的事情，最后只会得不偿失。

人们都知道蟒蛇是一种非常贪吃的动物，它的身体伸展性很强，经常能够吃下比它体积大的食物，然而，并不是每一次进食都很顺利，它也会有被食物卡住或者撑爆肚皮的时候，原因就是蟒蛇太贪婪了，根本就没有衡量好自己什么东西该吃、什么东西不该吃。蟒蛇的身体就算是再具有伸展性也吞不下一只大象，毕竟什么事情都会有一个极限，过了这个极限，事情就会向着相反的方向发展。

一个只考虑自己的员工迟早都要被淘汰。没有一个老板愿意任用自私自利，甚至出卖公司利益的人，而那些踏踏实实、一心一意地为公司做事的人，也自然会得到上司的赏识。

　　欲望人人都有，可以说没有欲望的人就不会有进取心，但是如果一个人的欲望太大了，就会膨胀起来，这种无限制的欲望最终会把人带入无可挽回的地步。

　　身在职场，如果一个员工对公司的财富贪得无厌，就不会想着勤奋地去工作，而是会处心积虑地琢磨怎么才能从公司得到好处，怎么才能把公司的财产变成自己想要的财富，甚至会出现以牺牲部门或公司的利益为自己谋求私利的局面。这样一来，不仅仅公司会受到损失，也会给自己带来不好的后果。

不要小看微小的节约，量变亦能引起质变

节约莫怠慢，积少成千万。

"不积跬步，无以至千里；不积小流，无以成江海。"很多事情往往是因为在小事上不注意，才形成巨大的破坏。如果每个公司每个人每天浪费十滴水、一张纸，一年之内将会损失多少资源？更可怕的是如果任由铺张浪费的恶习积累，不仅对公司是一种巨大的破坏力，而且也会使员工的长远利益受到巨大的损害。

在工作的各个方面、各个环节都应该注意节约。比如，修改文稿，尽量在电脑上修改，减少不必要的纸张浪费，一张白纸可以正反两面使用；沟通交流尽量使用 QQ、微信等通信工具，减少电话的使用量；出门办公事尽量不要公费乘出租车，距离较短的骑自行车，距离较长的则选择地铁、公交车等；下班之前保证自己的电脑关机，洗完手后留心有没有拧紧水龙头，等等，只要你养成节俭的良好习惯，这些仅仅是举手之劳。

在工作中免不了要接受上级的工作安排，不要习惯性地跟上级要钱、要人、要物，在不浪费公司资源的情况下，尽量先自己想办法解决问题。好员工应该

想着如何为公司节省开支，花小钱办大事。这不是员工傻，迟早有一天，他们为公司节约的财富会回馈到自己的身上。

王静是武汉公交集团 578 路公交车驾驶员，她自 1986 年参加工作以来，先后从事过乘务员、驾驶员等工作。开车十六年，王静同志从节约能源入手，潜心钻研节油技术，在工作中总结了"一查、二看、三配合"的节油"三手绝活"和"安全行车十二字秘诀"，创造了安全行车五十一万公里、节油四万余升、发动机大修间隔里程达四十万公里三项纪录。同样的公里数，王静总是能节省好几升油。王静在接受采访时说："其实，这并不难，看重细节，也贵在坚持，在点滴中实现积累。"

因为节油，王静受到了公司的奖励，并获得了"中国城市公共交通领域十大节油王"的殊荣。王静用奖励为公司的所有司机们制作了油卡片，原因是她希望有更多的"节油王"。

作为员工，真的应该反省一下自己是否把公司当成自己的家？是否每天都多做了一点点？快做了一点点？做好了一点点？节省了一点点？

当然，节约不仅仅是企业的事情，更与我们每一个员工息息相关。那么，在日常的工作中，我们都要养成哪些勤俭节约的好习惯呢？

首先，要学会办公用品再利用。比如，在使用签字笔时，应该尽量保留笔杆，以备更换笔芯；复印机、打印机的墨盒用完后，也不要急于丢弃，还可以用来灌装墨水，重复使用，传真机的色带也是如此。

其次，还要严格控制通信费用。在条件允许的情况下，尽量使用网络通信软件和电子邮件的方式洽谈工作。

同时，还要注意减少纸张消耗。在平时的工作中，从自我做起，提倡打印纸双面使用，重复利用已经使用的纸张；大力推行无纸化办公，减少纸质文表的使用数量。

另外，还应该注意节约用电。公司空调温度的设定要合理，最后一个离开办公室的员工要关掉所有的照明设备，把电脑设置成节电模式，离开座位时可以让电脑进入休眠状态。

　　管好、用好办公用品；不用时随手关灯、关电、关水、关电脑；上班时间少说一些闲话，多干点实事；使用键盘别用力过猛，离开时注意收拾桌面物品，借出去的物品注意收回……其实这都是工作中再小不过的事情，对于我们来说都是举手之劳。但是只要每个员工都能养成节俭务实的良好习惯，主动去做这些举手之劳，就能给企业节约巨大的成本，何乐而不为呢？企业的成本降低了，利润就能够进一步提高，我们这些在企业内的员工自然也就能获得更优越的待遇。

第十一章

谦虚收敛：
踏实做事，低调做人

现实生活中，有些人总是有很多的梦想，但却因缺乏脚踏实地的努力而与梦想无缘。有着不俗的雄心壮志，但是却不屑于眼前的小事，到最后终究一事无成。踏踏实实做事，专注于眼前的事才是实现梦想的必经之路。实现未来梦想的第一步，就是把当前的工作尽力做好！

老实做人，踏实做事

一个人假如不脚踏实地去做，那么所希望的一切就会落空。

美国成功学之父奥里森·马登曾经说：无论你从事何种职业，你不但要在自己的工作中做出成绩来，还要在做事过程中建立高尚的品格。无论你是律师、医生、商人、职员、农夫，还是议员、政治家，你都不要忘记：你是在做一个"人"，在做一个具有正直品格的人。

一个人要想实现自我价值、做一个真正的成功者，必须要有高尚的人格，坚持做人做事相统一。不管环境如何变化，不管身处的职场大小、有无名气，老实做人、踏实做事始终应该成为每个人在工作中必须坚持的行为准则。

老实做人，就是为人处事要坚持原则，不随波逐流，不刻意逢迎；严于律己，宽以待人；注重表里如一，言行一致，人前人后一个样；诚实守信，重承诺，不欺瞒；有错就改，绝不找借口。

踏实做事，就是要脚踏实地，远离浮躁，摒弃夸夸其谈、弄虚作假的工作作风；有端正的工作态度和超强的执行力；有强烈的责任感和事业心，对工作不敷衍，尽职尽责；不好高骛远，不轻视"小事"，一步一个脚印，扎实前行。

　　老实做人、踏实做事与"做就要做第一"并不矛盾，与冒险精神并不冲突。年轻的员工经常犯这样的毛病，他们缺乏准确的工作定位，往往不屑于做一些基础性的工作，不愿意从底层做起，总想着要做"更大的事"，但往往又眼高手低。而员工要想真正成为企业最需要的人，不经过严格的锻炼是不行的。因此，具备一定规模的企业都有一整套人才培养方案，只要员工有能力、有上进心，并乐于学习、踏实工作，在工作中体现出正能量和价值，企业就一定会重用他们。

　　王川和李山同时进入了一家大型电子公司做基层管理员，第一年的时候，当流水线上的机器出现故障时，王川就会不断地抱怨，嫌公司太吝啬，机器都老化这么严重了还不肯花钱购买新设备，还自以为聪明地找借口离开，丢下一堆事就走。但是李山每次都是二话不说先去检查机器，然后快速维修，让生产恢复正常，而且还带领工人对机器进行不定时的维修与保养，减少机器故障的发生率，同时，他还虚心求教厂里的老员工，不断学习工作经验，结果，一年之后，李山就被提升为生产部总领班，而王川由于偷奸耍滑被调到了其他部门，做基层员工。

　　王川不甘心受到如此待遇，认为公司"不识千里马"，一气之下便离开了公司。但是连续换了好多公司，都不合心意，始终在基层员工的位置，而他认为的比他"傻""笨"的同事却获得了更好的升迁机会。

　　王川和李山几年之后再次重逢，王川向李山抱怨自己的烦恼，此时的李山已经是生产部的经理了，他只说了一句话："远离偷懒与小聪明，实实在在做人，踏踏实实做好工作，才能获得更多机会。"

　　有些员工在工作中喜欢耍小聪明，这可能会给你带来一时的便利，但是长此下去将会害了自己。有些人很聪明也很有才华，但是身在职场，却不把自己的聪明用在对的地方，而是绞尽脑汁想办法糊弄工作、糊弄老板。这种员工因为没有养成脚踏实地的好习惯，最后不但没有得到施展自己才华的空间，反而落得个被人冷落的结局。

身在职场，投机取巧的人也许会更容易取得别人的好感，但是如果凡事都要心眼，就会给人一种不值得信任的感觉，这种人终究会被大家所疏远。

最近，某公司的人际关系比较混乱。不知道是什么原因，业务部门的一个职位居然出现了包括小王在内的三名副经理。其实，这其中，只有小王一个人做实事，其他两个不过是摆设，他们在平时的工作中总是要心眼，让人看起来很会办事，其实一点实力都没有，但是他们的投机取巧却暂时骗过了人事部主管和老板的眼睛，因此小王心里自然很不服气。

三个副经理同在一个办公室，本来就很拥挤。小王打个电话，总有人在旁边竖起耳朵听着；小王每和一位部门同事沟通，总会有人拉一把椅子伴随左右。这样一来，三个副经理不但没有配合工作，反而搞得像是竞争上岗，又像是老板派来相互监督的。一次开会，三个副经理各自都做了详细的计划。会议刚开始，那两个不干实事的副经理便迫不及待地向老板献殷勤。他们的报告书表面上看起来很"完美"，但是仔细一看漏洞百出，明眼人一看就知道是网上下载的旧数据。但老板不明真相，还当着小王的面夸奖他们努力奋进。过了两个星期，他们当初制订的计划仍然没有任何进展，因为那些从网上复制粘贴的旧数据根本派不上任何用场。而小王的计划经过当初的精心策划、实际调查以及后期的反复实践，最终得以实施。

后来，老板经过重新了解才知道事情的真相，最后把另外两个人调走了，只留下小王一个副经理，结果小王果然没有让他失望，业务越做越好。

在职场中想要获得成功，本分踏实做事情、不要心眼是基本的。有的时候，在应付难题的时候，你留点心眼可能是有必要的，但是如果你在工作中凡事都要心眼，不分事也不分人，依靠自己的那点小聪明，不踏实工作，为了自己的利益不择手段，甚至不惜出卖同事与老板，这种员工在职场上永远走不远。轻则你的同事会远离你，老板不会信任你，重则自己的职业生涯也会被自己的小聪明葬送掉。

要想在社会立足，我们必须老实做人、踏实做事，要想在工作中践行这一精神，可以从以下几个方面去努力。

1. 努力做一个尽职尽责的人

要有主人翁的意识，全心全意地热爱自己的企业、自己的工作；要有积极主动的态度，不管领导有无吩咐，都能主动地、自发地、不计回报地做好应该做的事情；要有一丝不苟的精神，对工作精益求精，养成事事追求卓越的好习惯；要有锲而不舍的韧劲，无论工作多困难，不推脱，不放弃，竭尽全力去完成。

2. 努力做一个德才兼备的人

有德无才，难以担当重任；有才无德，不仅自己做人失败，同时败坏事业。时刻注意加强职业道德和职业精神的修炼，关注企业发展动向，注重职业技能的提高，德才兼备，均衡发展，让自己成为一个有正能量的人。

3. 要做一个有目标、有追求的人

老实做人、踏实做事，并不是只知埋头"干活"，不懂抬头"看路"。人要有目标、有方向，还要有追求；要量身定制自己的职业规划，分段实现自己的职业目标；让自己的职业发展与企业的利益保持一致，这样，方能在企业为你提供的舞台上最大可能地发挥自己的才能，为企业创造更大的价值，为自己创造发展的平台。

4. 做一个善于学习的人

知识的积累是每个人做好工作的必备条件之一。一个优秀的职场人不仅要具有丰富的知识，还必须形成合理的知识结构，学以致用，把学习能力和工作能力有机地结合起来，充分发挥知识的创造功能，同时更新知识，追上时代发展的步伐。此外，还要加强修养，要习惯将学习的目光从书本转向现实。要让别人成为你的镜子，看清应该发扬什么、避免什么，应该坚持什么、放弃什么；要向周围的优秀人才靠拢，多请教、多交流，汲取他们的工作经验与职场智慧，应用到自己的工作中，只有这样才能不断向卓越迈进。

高调秀，不如低调做

低调做人，不要小聪明，让自己始终处于冷静的状态，在"低调"的心态支配下，兢兢业业，才能做成大事业。

有些人喜欢炫耀自己，他们希望自己是一面金字招牌，恨不得人人都夸奖他、羡慕他。这样的人一般会有一些资本，例如精致的容貌、高明的头脑、超人的能力等，即使他们不说，别人也知道他们是优秀的。可是，一旦他们说了，那优秀的光芒似乎就淡了一点。所以，想要别人夸奖，最好的方法是把事情做好，且不要自夸，工作时就是如此。

在工作中，你可能有很多值得肯定的优点，但是不要有意无意地把它显露出来，因为，世人多少都有些嫉妒心理，喜欢"枪打出头鸟"，你高出别人一大截，自然会有"红眼病患者"不断诋毁你。当你工作的时候，其他人可能会想方设法阻挠你，你当然可以咒骂人心险恶，可难道你是第一天知道人心险恶吗？不如从现在开始，在工作中收敛一些，不要高调炫耀自己，这样可以给自己省掉不少麻烦。

在一个舞会上，一位女士正在公司年会上炫耀自己认识多少名人，她沾沾自喜地对别人说，自己上周跟老板出差陪一位维也纳音乐家吃饭，那位音乐家还赞扬了她新买的披肩。

这时候，人群出现了些微的骚动，不少人含笑不语，女士仍在自夸自赞。这时，女士看到人群里有个陌生的年轻人，她亲切地说："以前没见过你，请问你的名字是？"年轻人尴尬地说："上一周，我刚和你吃过饭，并且称赞了你的披肩。"

周围的人全都笑了起来，女士满脸通红，她实在没想到，这个音乐家居然会出现在舞会上。

如果你是个非常优秀的人，就更要时不时显出一些不那么重要的缺点，让公司其他人看到，让他们知道你也并非十全十美，这样自然就拉近了你与他们的距离，别人甚至觉得这样的你很可爱。特别是心烦的时候，不妨跟别人吐吐苦水，别人知道你不是那么一帆风顺，自然不会处处针对你。现在很多年轻人走进了这样一个误区，认为越显示自己的能力就越能够得到老板和同事的尊重和认可。这个想法之所以错误是因为在职场上，你、你的同事还有老板在很多时候都处于一种利益相关联的关系中。如果你为了展示自己的个性和能力，事事占先，难免会被其他同事疏远或者抛弃。

小陈大学是中文系的，刚刚毕业就到一家报社应聘编辑一职。在面试时，小陈特地将自己在大学发表的一些作品向面试人员展示，又说自己非常擅长策划工作，有领导才能。整个面试，小陈都在夸夸其谈，弄的面试官也有些烦。

不巧的是，那位负责招聘的正是报社的策划部长，所以小陈的第一关就败下阵来了。后来，小陈又去多个报社面试，可是面对这样张扬，甚至飞扬跋扈的小陈，谁也不愿将他招进公司做事。因为一个连自己基本角色都没搞清楚的人，又如何让人相信她在工作中能分得清关系，做得好工作？

我们都希望刚开始的时候就给公司或者上司留下好印象，这没有错。但是，没有把握好度、做得过火，往往只能适得其反。

每个人都希望展现自己美好的一面给他人看。但是前提是，应该表现真实的自我，而不是刻意虚伪的。在职场上，有些人无论是否做出了成绩，都会在同事面前夸耀自己，甚至还借此来暗暗贬低别人。显然，这是一种十分不明智的做法。大家对你的为人都心知肚明，不用你说出来。当然，即使你真的聪明能干，也没必要口若悬河地到处宣扬，这样只会让人生厌。

因此，在职场上，保护自己不做被枪打的"出头鸟"，最好的方法就是不要太锋芒毕露，低调做人、做事即可。

在职场，谨记"高调秀，不如低调做"。做事要扎扎实实尽力做好，不必搞得沸沸扬扬，人尽皆知。相比于做事，做人要低调一些，谦虚一些。卡耐基曾指出：如果我们只是要在别人面前表现自己，让别人对我们感兴趣，我们将永远不会有许多真实而诚挚的朋友。所以，如果你有能力，有才华，就真实自然地展现。爱出风头、到处宣扬则反而会惹得他人厌恶。

总之，在职场，不要过分地招摇，急于表现自己。适当展示一下，可以给老板留下良好的印象，但是一定要把握一个度，千万不要急于提意见，更不要"越位"做事。只有先收敛锐气保护了自己，让上司、同事消除戒心，那我们才能在职场上一步一步地稳步向前。

一个人只有调整好自己的情绪，让身心始终处在平静状态，才能保持低调谦逊。低调做事永远是硬道理，嘴上说的那一套时间久了终究会被揭穿。提升自己的工作能力，低调地做好自己的事情，不卖弄，才是最长久的职场生存法则。

别做夸夸其谈型员工

纸上谈兵终败北，梦里开花已化云。脚踏实地埋头做，空中楼阁醒世人。

在企业中，存在这样一批员工：在某些方面有一定过人的优势，常常高谈阔论显示自己无所不能，更是在自己擅长的领域里夸夸其谈，甚至以专家自居。取得一点成就就沾沾自喜，到处炫耀，还嘲笑他人的无知，头脑里完全没有谨慎意识。这样的人满足于自己对知识的一知半解，满足于对工作的马虎应付，并且听不得忠告，不懂得反省自己，只是一味地牢骚、埋怨……这样的人永远也不可能成为优秀的员工。

想法太多，行动太少是夸夸其谈型员工的典型特点。人们常说这样的人是"思想上的巨人，行动上的矮子"，事实也确实如此。

金东在一家颇具规模的食品公司工作，机电专业毕业的他被分配到公司电工班。他的业务理论一套一套的，从机电到食品再到营销，各个行业无所不能，并且他口才极好，能言善辩，公司同事送他外号"博士"，对于这称呼，金东很受用，平时工作中更是以"博士"自居。后来，公司公共关系部门需要一名各方面都很优秀的人，公司领导就把金东抽调过去了。公共关系部门的工作需要员工有很强的沟通能力，金东能说会道倒是真的，但一去和别人沟通，他就不行了，他往往把客户变成了听众，对他们夸夸其谈，有时甚至以老师自居，把客户或者关系部门的领导都当作学生来"教导"，把本来有希望到手的业务给弄砸了。

有一次，一个大客户来定一批货，准备第二天签合同。头天晚上，公司搞了个接待，饭后，领导让金东把客户送回宾馆。到了宾馆，金东没有马上离开，而是和客户聊起了天。没多长时间，聊天变成了金东个人的"演讲会"。他把自己知道的都说了一遍，客户插不上话，只能听他滔滔大论。讲到得意之处，居然"骂"起了客户，说："你们这些当老板的只认钱，为了钱什么黑心事不做，搞来搞去把自己搞到监狱去了。"这一番话说得那个客户的脸色十分阴沉。原来那个客户就曾经犯了一些事在监狱待了两年，出来后自主创业，生意越做越大了。这事圈子里的人也都知道，客户认为这是在故意羞辱他，极其生气，当即告辞，连夜回家了。即将到手的一个大订单就这么没了。金东自然要为自己的"夸夸其谈"买单了，公司领导查明了情况之后，当即让金东"卷铺盖"走人了。

金东的夸夸其谈不但让公司遭受重大损失，也让他自己丢掉了工作。

夸夸其谈者，没有正确的人生观，喜欢带着"正义"的面孔发表不合时宜的观点；他们做事马马虎虎，缺乏责任感，不求上进；一旦遇到挫折，马上被困难所吓倒，不从自己身上找原因，只从他人身上找理由……这些特点都不能使他成为一个优秀的员工，也无法干成一番大事业。

王凯大学毕业之后，成功应聘到一家大型企业做办公室文员。他本质不坏，人也很聪明，如果努力工作，应该也是一颗好苗子。领导正是看中了他的优点，想把他当作办公室管理人才来重点培养。可是，不久之后，王凯的缺点就暴露出来了，做工作不踏实，嘴巴特贫，无论多么严肃的事情，他都敢夸夸其谈，揶揄一番。

有一次，上级领导来单位视察工作，单位领导让他准备一份报告材料，他很痛快地答应了，告诉领导这是小菜一碟，自己会做得很好。类似这样的报告，用真实的事例、翔实的数据、平铺直叙的语言，会取得好的效果。可是，王凯没有这么写，为了显示自己的才华，他旁征博引，从古到今，洋洋洒洒写了一份"万言书"，在会议开始之前才交给领导，领导一看，这汇报材料写成了"报告文学"，根本不能用，好在领导自己有所准备，才不至于出丑。上级领导的视察工作结束之后，领导找到王凯，告诉他汇报材料不能那么写，不料王凯却说："咱就要用深厚的文字功底，丰富的知识阅历，震一震那些不学无术的领导。像您那样干巴巴地举个例子，说几组数据，人家还以为咱这单位是黔驴技穷了呢。"说完，王凯还自以为幽默地得意一笑。领导脸都绿了，转身离开。两天以后，一纸调令让王凯离开了办公室，去了公司下属单位的一个安保部门去做安保工作。王凯愤愤不平，怒而辞职。

王凯到辞职也没有认识到自己的错误，也没有明白自己的失败在于夸夸其谈。像王凯这样不注重实际工作效率，自以为是，一味卖弄自己才学的人，终究得不到公司的器重。

优秀的员工都是具有实干精神、有端正的工作态度、能够在工作中发挥个人特长、取得优秀的工作业绩的人，这些人能够实事求是地对待工作中的问题和取得的成绩，不夸大，不贬低，不吹毛求疵、夸夸其谈，因而会受到企业的重视，成为企业发展所需要的优秀人才。

职场"菜鸟"，学会向"老鸟"低头

礼者，敬人也。

"哼，不就因为我是新人吗？他们这样欺负我，非要我对那些'职场老鸟'们低头哈腰的，我不服。"在工作中，我们时常会听见不少职场新人这样抱怨。作为一个新进职场的"菜鸟"，对于这些日后将要相处的同事，惹不起也躲不起，因此，常常只能在暗地里抱怨牢骚。

其实，大家想过没有，究竟这些"老鸟们"凭借什么能在新人面前"指手画脚"？为什么到了关键时刻，你搞不定的时候，你还是得乖乖地请老将出马呢？假如你没有一定的能力还不如不抱怨，心甘情愿地"低头哈腰"，还是听人指导比较好。毕竟在职场上，昂首挺胸、目中无人也是需要资本的。

俗话说得好："老将出马，一个顶俩。"别以为自己知识丰富、学历高，就可以在刚入职场工作时肆意妄行，不把前辈放在眼里。刚刚进入公司的年轻人，对公司的整套流程都不熟悉，而且在公司也没有自己的人脉，形单影只，更需要谦虚谨慎的态度。

即使你不是刚刚毕业，初入职场，但在工作中，你仍要以谦虚谨慎的态度对待工作中的前辈，无论年长年幼，该低头的时候就应该低头。

韩菲所学的专业是国际贸易，毕业后，在朋友的介绍下应聘到一家星级酒店销售部工作。进去后，韩菲发现大多数的同事都是学历平平，所以，她很是得意。每次有老员工指示她做的不对，她总是不以为然。

那时候，韩菲真的是初生牛犊不怕虎，做什么事情都很是自大。就算比她资历深的老前辈，她都不听，还觉得他们的做法是错误的，结果没少在工作上吃亏。而且因为无意之中得罪了一些老前辈，结果每次晋升的时候，都遭冷遇，迟迟得不到升职。

后来，韩菲学聪明了很多，在老同事面前虚心了起来，而且还和这些老前辈们交上了朋友。从他们这些过来人中，韩菲慢慢地对公司的流程有了一个很深刻的了解。在以后办事中，韩菲不仅效率提高了，而且还掌握了不少跟客户打交道的技巧。

正所谓"吃的盐比你吃的饭还多"，如果要想快速适应职场，得心应手地工作，就多低低头，听听公司前辈的"经验之谈"。

向"老鸟"低头，其实也就是放低姿态，请教别人。譬如职场生存之道、工作方法、人际关系等，这都需要我们耐心学习。放下身份，以谦虚的态度去请教别人，你将获得实实在在的经验。当然，请教别人，不是让我们低声下气、奉承谄媚，而是要以一颗诚挚的心去对待人和事，做到不卑不亢。

积累平凡，就是积累伟大

把每一件简单的事做好就是不简单；把每一件平凡的事做好就是不平凡。

在源远流长的人类工业历史中，没有任何一个岗位因为其重要地位而被人称为伟大的工作，但却有很多在最普通、最平凡岗位上工作的人被称为伟大的员工。从古至今就没有伟大的岗位，所有工作从一开始都是平凡的、普通的，但是当一个人在岗位上用最朴实的努力积累着伟大时，这个岗位最终也将发出耀眼的光芒。

朱强生于 1990 年，虽然年龄不大，但是在焊接这个行业中他可是一把好手，他的技术非常娴熟，还在国内外焊接大师技能比拼中拔得头筹。比如要焊接 30 吨十字钢柱，正常情况下，这项工程需要耗费一周时间，但是朱强只需要 4 天就能完成，而且普通工人的返工率维持在 10% 左右，但朱强几乎不需要返工。他 16 岁进入这行，只用了 5 年时间，就成了基地里最年轻的班组长，朱强和他的班组在 100 多个地标建筑的构件上留下了属于他们的印记，包括香港环球金融中心、新疆大剧院——国内最高穹顶形剧院、武汉火车站——世界上首座桥建合一的大型站房，等等。甚至他带领着自己的"尖刀班"，实现了一次探伤合格率 100% 的奇迹。

　　兢兢业业十余年，即使同伴们纷纷离开，朱强依然固守在自己的职业中，他说："想成为一个好的工人，是一定要吃苦的，想要安逸的生活就做不了技工，更做不了焊接技工。"他还把自己的青春比作一根焊条，虽长度有限、样式单调，但是却亮亮堂堂的。

　　类似朱强这样的优秀工匠，他们所在的岗位也许大部分人一辈子也不会了解。这些岗位是平凡的，却因为一名伟大的工匠站在这里而变得伟大。在这个世界上永远没有能成就一个人的岗位，只有能成就一个岗位的人。

　　在平凡岗位上诠释工匠的伟大并不是轻易就能做到的，这除了需要一个人达到与自己岗位"融为一体"的程度，以最精湛的岗位技艺和对岗位充满热爱的匠心肩负起岗位责任，把工作做到极致，还需要拥有足够的耐心，去积累孕育伟大的各种要素。这一过程既漫长又充满着困难甚至绝望。

　　要想在这一漫长的过程中让自己坚持下来，最终在平凡的岗位上成为一名优秀工匠，我们就必须增强自己的定力。时常问问自己，为何坚持在这个平凡的岗位上，如何才能实现真正的人生价值。当我们得到自己心中确切的答案后，就不再会被现实的种种诱惑所吸引，更不会为旁人的冷嘲热讽而暗自神伤。在自己选择的道路上坚定地前进的人，才能最终收获成功。

　　除了增强定力，保持平和的心态也是十分重要的。成为伟大工匠的过程是漫长的，这种漫长的枯燥很快就会让一个人产生各种各样的消极情绪。如果我们被消极情绪所控制，很可能就无法坚持到最后，更无法成为一名优秀工匠。在发现自己出现诸如愤怒、焦虑这样的消极情绪时，不妨暂时不要想工作中让自己不开心的事情，转而去想想自己从工作中收获的快乐以及满足感。这样就能让自己的心态平和下来，从而不被消极情绪所控制，始终坚持在平凡的岗位上积累经验、磨炼技艺，为成为优秀工匠积蓄力量。

　　没有任何的成功是一天成就的。"罗马城并非一天建成"，在平凡的岗位上去积累、磨炼自己，厚积而薄发才能最终酝酿出工匠的伟大。

第十二章

饮水思源：
感恩企业，珍惜工作

对于员工而言，是工作让你有了稳定的收入，是工作给了你生活的保障，还赋予你生活的意义和乐趣。总之，工作是你做其他一切事情的基础，所以，唯有感恩、懂得珍惜，我们才对得起这份生命中的恩赐。

懂得感恩的人才能快乐工作

人生也很简单，只要能懂得"珍惜、知足、感恩"，你就拥有了生命的光彩。

懂得感恩的人才会懂得知足，而懂得知足的人才会快乐。当你获得一份工作，并得以这份工作养家糊口时，你就应该为自己拥有这份工作而感到快乐。

我们经常会见到这样一种现象：同样的一份工作，有人干得愁眉苦脸、牢骚满腹，而有人却干得开开心心、快快乐乐。这就是一个员工懂不懂得对自己所在企业感恩的表现。

日本经营之神松下幸之助对工作一直保持着乐观的态度，这成为他不被困难打倒的最大动力。在《松下静思录》中，他曾提到："有人时常对我说：'你吃过不少苦头吧？'我本身从来都没有感觉到吃过什么真正的苦头，因为自打我9岁到大阪当学徒一直到今天，我始终抱着一种乐观的心态去工作。在大阪码头当学徒的时候，由于早上比较寒冷，我感到自己的两只手几乎都快冻僵了，但却仍然坚持用冷水擦洗门窗，有时候做错事还要被老板大骂一顿。我也有感到自己吃不消的时候，然而随即转念一想：'吃苦其实就是为了自己的将来，我应该感谢现在正在经历的一切'，这样一想，我的痛苦就转变为喜悦了。当学徒的时候所养成的乐观想法，后来给了我许多正面的影响，比如在工厂并不景气的时候，我不会气馁、不会放弃，反而还会积极地认为，不景气的时候就正是改善企业体制的好机会。这样的看法和想法，非但有助于我克服困难和苦恼，而且还能够丰富我的内心，使我每天都能够积极快乐地工作和生活。"

一个人如果总是带着仇恨和烦躁的心情去工作，那么他的工作干起来也不会顺心，只会更加让他觉得困难重重和麻烦不断。而反过来，一个人若总是带着感恩的快乐心情去工作，那么即使工作中遇到了困难，他在解决困难的过程中也是快乐的。这两种人的最大区别就在于：前一种人没有带着感恩的心去工作，而后一种人却时刻将感恩铭记心间。

在日本有一项国家级的奖项，叫作"终身成就奖"。这是一项让每个人都梦寐以求，然而又望尘莫及的至高荣誉。数不清的社会精英终生奋斗的目标，就是获得这样一项大奖。令人们感到意外的是，有一届"终身成就奖"却在举国上下的期盼与瞩目中，颁发给了一位名字叫作清水龟之助的小人物。

清水龟之助是一个很普通的人，他每天的工作就是接收来自全国各地的邮件，然后将这些邮件精准无误地送到每一个家庭中去。这样简单而又普通的工作可以说很平凡，但是就是这位普通的日本邮差得到了很多人梦寐以求的"终身成就奖"。

清水龟之助从事邮差25年，这25年的每一天他都认真对待。无论刮风下雨，还是严寒酷暑，他都一直坚守在自己小小的工作岗位上，从未请假、迟到、早退过，也从来没有出过任何差错。

是什么原因让这个邮差能够几十年如一日地坚持下去呢？原因很简单，就如他所说，是"快乐"。他说，在工作中，他感到了无穷的快乐。他十分喜欢看到人们接收到远方亲朋寄来的信件时，脸上洋溢着快乐而欣喜的表情。这种心情也会感染到他，所以要说帮别人送信，不如说是他从别人的快乐中得到快乐，清水龟之助一直觉得应该感恩别人的快乐。

邮差本是一个微不足道的平凡职业，但是就是因为给别人带去了快乐，也能从别人的快乐中得到快乐，清水龟之助觉得自己的工作充满意义。正是这种快乐的力量，让清水龟之助得到了"终身成就奖"。

像清水龟之助一样去努力、去对待自己的工作吧！付出与回报总是成正比的，懂得感恩才能快乐，如果你总是快乐地去工作，那么，最终你也会从工作中收获到快乐。

公司给了你展示个人才华的舞台

　　我们要学会感恩，感激给我们提供工作舞台的人。这是我们获得职位、取得成就必须具备的一种心态！

　　人最大的不幸就是不知道自己和别人相比，有什么幸福可言。当自己拥有的时候不知道珍惜，而失去之后却又追悔莫及。比如那些已经身在职场的人，常常对着别人有满腹的牢骚和抱怨，抱怨自己的公司管理不规范，制度不合理，薪水不够高，老板太苛刻……也有人随着时间的推移变得懒散怠慢，对自己的工作敷衍了事，"三天打鱼，两天晒网"。要知道，每一个老板成立公司都是以营利为目的，而不是供养闲人的。你的老板既然聘用你来公司工作，就等于是给了你一次展示自己才华的机会，所以，你应该感谢公司为你提供了一个让你一显身手的平台。

　　作为企业的一名员工你应该关注公司未来的长远发展，不计较眼前利益的得失，感恩于自己的老板，感恩于自己的公司，兢兢业业地去工作，这样才能使得自己的事业蒸蒸日上，最终获得成功。

　　"许三多精神"越来越为很多公司提倡，这种精神最重要的方面就是不抛弃、不放弃。对于一个懂得感恩的职员而言，感恩于自己的公司就更要在公司最艰难的时候不抛弃、不放弃，与公司同甘共苦、风雨与共。

有一家公司运营出现了状况。老板把所有员工召集到一起说："我对大家非常抱歉，现在公司出现了资金周转困难，我只能勉强给你们发两个月的工资，在你们找到新的工作前，这些钱应该够用。我知道，有些人已经打算辞职，平时的话，我一定会挽留大家，但是公司的状况很不乐观，大家想走的话，我会立刻批准的，因为我没有理由挽留大家了。"

"老板，您放心吧，我们是不会走的。公司现在这个状况，我们怎么能离开呢？我们一起渡过这个难关。"一个员工说。

"对呀，我们不会走的，我们一起渡过难关。"其他员工纷纷说道。

最终，这家公司不但渡过了难关，运行得反而比以前更好了。

老板说："要不是我的员工，我可能也过不了这一关。在我即将放弃的时候，是他们给了我力量，帮助公司战胜了困难，我为他们感到骄傲。"后来，这些留下来的员工都得到了提拔和加薪。

正是因为有了公司，才有了你现在的工作，才有了你奔赴梦想的平台。所以，你要学会感恩自己的公司，时刻为公司的利益着想，牢记公司的事就是自己的事，踏踏实实地努力工作，用实实在在的业绩来回报公司。

感谢对我们工作提出批评的人

勇于接受别人的批评，正好可以调整自己的缺点。

　　一个发自内心地认识到学习的重要性的人，从不会憎恶那些真诚地给他指出错误的人，相反，他会感谢他们，因为他清楚地知道，批评是另一种学习机会，批评自己的人很可能在促使自己成长，是进步的动力。因此，如果想要成为企业有用的人才，成为企业的好员工，就要感谢那些对我们工作提出批评的人，而我们也要虚心地接受别人的批评，并从中发现自己的不足，不断提高自己。

　　一次，海联（香港）国际传媒集团的董事长田斌说："在2000年年底，我怀揣300元钱，独闯北京。在公司工作期间，因为是做技术的，不是每天都有活动。所以老板就对我说，你可以利用空余时间打电话，做销售。这是我人生的一次重要转折——由技术逐步开始向销售转型。"

　　"从开始打电话时手发抖、说话结结巴巴到后来的熟练，一年多的时间，我的销售额从最初的几百块的小单，发展到几十万的大单。最后，我的业绩做到全公司其他人员业绩总和的两倍。"

"工作期间，我坚持先学会做人再学会做事的原则，每天都去酒店找客户，下班后请朋友吃饭、聊天。我逐渐了解、认识了公关、广告、会展的行业经验，并努力向这些行业的人士学习。"

"虽然我工作这么努力，但是老板总是严格地要求我，要我更加努力。当时，我做错了老板会批评我，我做对了他也会批评我。有一天我实在忍受不了了，一气之下就离开了公司，选择自己创业。"

"现在想想，其实特别后悔，老板批评我都是为了我好，希望我能够成才。如果不是老板经常批评我，我又怎能更快地成长呢！所以，我想对我原来的老板杨永明先生说声'对不起'，在我自己开公司之后，我才真正理解了当老板的不易！"

因此，不要抵触那些批评我们的人，他们是想让我们成才，让我们少走一些弯路，我们应该感谢他们。在工作中，我们的领导、老板批评了我们，首先要想到，自己是不是犯了错误，给企业带来了损失。如果因为我们的过失，企业蒙受了重大的损失，那么面对批评，我们不但要接受，还要努力反省，思考弥补的办法；如果我们没有犯错，甚至是有功时，领导、老板还是批评了我们，那么也不要气恼，也许领导是不想让我们骄傲呢？

但是，面对恶意的批评时，我们就要提高警惕了。如果说善意的批评是对我们的一种爱，是一种"哀其不幸，怒其不争"，那么恶意的批评就是对我们的一种伤害。

我们要分清这两种批评的不同，并且区别对待。面对那些善意批评我们的人，我们要从心底里感谢他们，因为他们的批评是出于对我们的爱；面对那些恶意批评我们、吹毛求疵、鸡蛋里挑骨头的人，我们可以选择漠视他们。不过我们仍要感谢后者，因为是他们锻炼了我们强大的内心，以及我们的心理承受能力。

当初刚刚进入职场的时候，我们还只是不懂事的孩子，很有可能因为自己的过错，给公司造成了很大的损失。但是领导只是批评我们几句，并没有让我们承担实际的损失。所以我们不必觉得自己受了多大的委屈，因为犯了错，接受批评是应该的。而我们之所以有时候想不开，绕不过弯儿来，就是因为我们的心理承受能力还不够强。

所以，在接受批评的过程中，我们不仅要把握这个学习的机会，还要不断地提高自己的心理承受能力，要勇于承认错误，敢于承担责任。只有这样，才能让自己的能力更突出、内心更强大。

感谢客户，让我们的工作趋近完美

唯有落实顾客至上的观念，才能使服务的品质日渐提升，客户方能真正成为我们的永久支持者。

公司是通过满足客户需求来获取利润并生存发展的，同样，对依附于企业而存在的我们来说，客户就是我们的衣食父母。不管从事什么行业，处于什么职位，对客户怀着感恩之心，才能在为客户提供服务或产品时内心充满快乐和激情，才能自觉承担责任，尽最大努力为客户提供最好的产品和服务。在这个过程中，我们收获的不仅是客户的认可，还有在踏实认真工作的过程中培养出来的责任感和对工作的一种热忱。对客户的感恩会转化成一种持久的工作热情，而且这种热情会感染周围的人，在团队里形成一种积极向上的工作氛围。

客户是我们的衣食父母，是间接给我们提供薪水的人，我们应设身处地地为客户着想，为他们提供热情、细致、周到的服务，始终将满足目标客户的需求作为自己在工作中立足的保障，始终感恩客户给予的生存机会。

有一个魔术师，没有读过多少书，从小就离家出走，艰难的生活让他深谙人情世故，每次表演之前，不管是在舞台上重复过多少次的节目，他在台下都要一丝不苟地严格练习数遍。

最与众不同的一点是，其他魔术师都把台下观众当大白菜，而他每次上台都要告诫自己：我要为我的观众漂亮地完成这场表演，没有他们，就没有我现在的舒适生活。如果他紧张起来，就会反复地告诉自己：台下坐的都是我爱的观众，都是我爱的观众……

所以他一度成为百老汇最好的魔术师。

可见，抱着感恩的态度对待每一位客户，我们才能有效地分析和抓住客户价值，创造先机，开发市场，获取生存机会，证明自己在行业的存在价值。

对客户的感恩体现在工作的每个细节中，体现在切实的行动中。想客户所想，急客户所急，把客户的事情当成自己的事情来做，真诚地与客户沟通工作中的问题，听取客户的意见，并从中吸取营养，改进我们的工作，不应付差事，不蒙骗客户，只有这样我们才能在工作中不断进步，不断走向更高的台阶。

有一个小男孩，家境不是很好，早早地就退学了，以替人割草为生。小男孩有个怪癖，每接到一个新客户，第一次替这家新客户割完草之后，他便会以新的求职者的口吻打电话给这个客户询问一些匪夷所思的问题。这天，小男孩又从一个新客户那里回来，刚到公司他便打电话给那个客户，问道："请问您还需要一个割草工吗？"客户回道："谢谢，现在不需要了，我已经有割草工了。"小男孩继续推销道："我会帮您把花园里的杂草除净。还会帮您把过道两旁的草坪修剪整齐。"那位客户笑道："真的十分感谢，我已经有一位十分合格的割草工了，我能想到的，他已经都做好了，我现在真的不需要割草工了。"小男孩微微一笑，答道："真为您的割草工感到高兴，希望您每天都过得开心，再见。"小男孩挂掉电话，他的朋友疑惑地问道："你不已经是他的割草工了吗？为什么还打电话过去问这些问题？"小男孩答道："客户既然给了我这份工作，我就要确保我的工作令客户满意，我打电话只是想知道我的工作有没有令客户不满意的地方。"

实际上小男孩的客户对他的工作是十分满意的。但他还是抱着追求完美的态度，去询问客户对自己的工作是否还有其他需求，他的这种态度不仅能让客户感动，赢得客户的信赖，也能让自己在工作中获得成就感和喜悦。工作在养活他的同时，也成为他的一种乐趣。

客户是"上帝"，既然客户给了我们展示自我、创造利润的机会，我们就应该珍惜这个机会，对客户心怀感恩。要知道，并不是所有的千里马都能碰到伯乐的，所以，当客户愿意消费我们的产品或服务时，我们就应该尽最大的能力，用真诚感动客户，用产品留住客户。懂得感恩客户，才能不辜负客户的信任，才能真诚而热情地工作，才能长久维护这份信任，才能获得更多的客户。作为服务行业，特别是高端服务业，全心全意地为客户提供高质量的服务或产品，真诚地为客户解决好问题，甚至为客户解决一些他们自己都没有想到的问题，久而久之，客户的口口相传就会成为我们最好的广告，老客户不流失，新客户不断增加，口碑越来越好，我们的业绩也会越来越好。

对客户的感恩不仅能激发我们的潜能，帮助我们创造卓越的成绩，而且能让我们在挫折中不断完善，不断进步。客户是企业和员工不断成长进步的最常见最实用的资源，对于产品或服务的质量，客户是最有权利进行评价的。客户会对我们的产品或服务有各种要求，甚至抱怨，这些要求或抱怨中总会包含一些信息，从这些信息中我们便能找到提升和完善的方向。

完美地满足客户现有需求，是我们的责任和义务，而发现并满足客户的潜在需求则是我们的一种进步，也是一种自我完善。市场千变万化，客户需求也是各种各样，"一碗米难应众人心"，在产品测试中，不管结果如何完美，都避免不了众口难调的现实。也就是说，对于一个销售量大的产品或客户众多的服务来讲，有客户投诉，有客户抱怨，是正常的事情，如果没有这些，恰恰说明客户已经对我们的产品不感兴趣了，他们不愿意给我们提意见或建议，不给我们改进的机会。从这一方面来讲，抱怨何尝不是一种好事。所以，对于客户一些刁钻的，甚至无礼的要求，我们也应该积极对待，理性处理，要知道从正面的意义来看，这些压力正是我们不断向前发展的动力。客户是我们的导师，只有不断从客户那里探求产品或服务的优缺点，不断探求客户的需求，我们才能做出市场最需要的产品。

没有无法改进的工作，没有无法满足的客户，只有不断完善的工作和不断进步的我们。对于客户的需求和指责，甚至是无理取闹，不要感到厌烦，也不要找理由推托，更不要与客户产生争执。要知道，正是因为他们对我们的商品感兴趣，或者已经购买了我们的商品，才能有后面的抱怨或要求。如果你与客户因为这些产生冲突，不仅会造成客户的流失，损害企业的声誉，你自己也会在这场争执或冲突中丧失对工作的热情。热情地接待客户，认真地聆听客户的抱怨或意见，不仅能消除矛盾，消除工作中的负面情绪，而且能让我们从中吸取教训，并在客户的诉说中受到一些启发，从而激发我们的工作热情，提升我们的工作水平。

客户是我们创造财富的根本所在，也是我们寻求认可和肯定的源头所在。对客户心怀感恩，不仅可以间接地提升产品质量，获得客户认可，也可以让我们在工作中获得恒久的动力和激情。

对已经拥有的工作要懂得珍惜

人们能轻易得到的东西往往不懂得珍惜。

有一对夫妇省吃俭用了一辈子，才将四个儿子抚养成人。在夫妇结婚50周年之际，孩子们为了感谢父母，送给父母最豪华的"爱之船"旅游航程，想让老两口好好享受一下。

轮船极尽奢华，各种娱乐设施，让老两口目不暇接，无比惊喜。他们心中还有一份担心，这上边的各项设施都十分昂贵，老两口不舍得轻易消费，只好一直待在头等舱中安享五星级的套房设备，偶尔出去欣赏下海面的风光。幸亏上船前还带了一箱泡面，老夫妇俩只好以泡面来充饥。

终于到了游玩的最后一天，老夫妇俩决定也奢侈一回，打算在晚餐时间到船上的餐厅去用餐。

用餐期间，一个服务生过来了，要求看他们的船票。老先生有些生气，吃个饭还看什么船票。虽然不情愿，但还是把船票递给了服务生。

服务生接过船票一看，有些惊讶，说："您难道从来都没有消费过吗？"

老先生明显比刚才更加不悦了。服务生解释道："您不要误会。您这是头等舱船票，您消费的任何项目都不用再次付款，因为这是头等舱的待遇，我们只需要在项目后面注销就好了。老先生您……"

听到这，老两口四目对忘，而明天即将下船，只能懊恼没有好好享受本该属于自己的旅行。

其实每个人都拥有一张头等舱的船票，你的工作就是上天所赐予你的头等舱船票，不要浪费它，你要懂得珍惜这张船票，并且趁你还没有下船之前，好好享受身在职场工作的乐趣。

可以说，每个人在一天中所做的最多的事情就是工作。如果你总是抱怨、厌烦，甚至憎恨自己的工作，那么你每天就要在这种不良的情绪中度过八小时以上的时间，而如果你能够带着积极、快乐的心态去珍惜、去面对自己的工作，那么你每天都至少有八小时以上是快乐地度过的。仔细衡量一下，当然是第二种态度更为可取了。

林峰是一家自行车公司业务部的经理，他工作非常踏实，也非常珍惜这份工作，在工作中从来都不会逃避问题，一直以来他都是总经理的得力助手。

后来，市场上不断出现各种新款车型，公司必须对老式自行车进行改进，但是在改进之前要先处理掉仓库里的老式自行车。总经理把这个棘手的任务交给了林峰。林峰毫无抱怨地接受了这项任务。

销售掉这批老式自行车确实有些难度。现在的市场已经极度饱和，就连新款的自行车都不好卖了。面对总经理交代下来的任务，林峰想到一个好办法：城市的市场已经饱和了，但是偏远地区还没有啊。

他立即前往一些偏远山区做调查，果然不出所料。他将自己的想法和计划报告给总经理，总经理很赞同。

结果，老式自行车在偏远山区供不应求，几天的时间，林峰就把库存的那批老式自行车销售一空。到后来，总经理离任了，林峰就被任命为公司的总经理。因为珍惜，所以从不退缩，从不埋怨，林峰就是这样做的。

在工作中遇到困难是常有的事，那些懂得珍惜已有工作并懂得感恩的人，是不会在困难面前畏惧和退缩的。为了能够做好自己的工作，他们会勇往直前，直到在事业上取得成功。珍惜现在已经拥有的工作吧！你要知道，拥有一份工作是一件幸福的事，因为好好地努力工作，就是在好好地生活。